NOTIONS

ÉLÉMENTAIRES

D'HISTOIRE NATURELLE

PAR G. DELAFOSSE

MEMBRE DE L'INSTITUT
PROFESSEUR AU MUSÉUM D'HISTOIRE NATURELLE
ET A LA FACULTÉ DES SCIENCES DE PARIS.

MINÉRALOGIE

NOUVELLE ÉDITION

PARIS
LIBRAIRIE HACHETTE ET Cie
BOULEVARD SAINT-GERMAIN, 79

NOTIONS

ÉLÉMENTAIRES

D'HISTOIRE NATURELLE

MINÉRALOGIE

PARIS. — IMPRIMERIE ARNOUS DE RIVIÈRE ET Ce,
Rue Racine, 26.

NOTIONS

ÉLÉMENTAIRES

D'HISTOIRE NATURELLE

PAR G. DELAFOSSE

MEMBRE DE L'INSTITUT
PROFESSEUR A LA FACULTÉ DES SCIENCES
ET AU MUSÉUM D'HISTOIRE NATURELLE

MINÉRALOGIE

NOUVELLE ÉDITION
avec les figures dans le texte

PARIS
LIBRAIRIE HACHETTE ET Cie
BOULEVARD SAINT-GERMAIN, 79

1876

NOTIONS ÉLÉMENTAIRES
D'HISTOIRE NATURELLE.

MINÉRALOGIE.

CONSIDÉRATIONS GÉNÉRALES.

NATURE DES MINÉRAUX.

La *minéralogie* est une des branches de l'histoire naturelle, vaste science qui a pour objet l'étude de tous les corps que nous pouvons observer à la surface du globe et dans son intérieur. Elle enseigne à les décrire exactement, et à les classer selon leurs *rapports naturels*, en tenant compte de tous leurs *caractères*, c'est-à-dire de toutes les propriétés par lesquelles ils peuvent différer entre eux.

On a de tout temps partagé l'ensemble des êtres de la nature en trois grandes divisions, appelées *Règnes*. Le règne minéral comprend tous les êtres privés de la vie ; le règne végétal, tous les êtres vivants qui sont dépourvus de sensibilité et de mouvement volontaire ; et le règne animal, tous les êtres vivants qui sentent et se meuvent à leur gré. L'histoire naturelle se partage de même en trois branches, qui correspondent à ces trois divisions, savoir : la *Minéralogie*, la *Botanique* et la *Zoologie*.

Les animaux et les végétaux ont cela de commun, qu'ils sont formés de l'assemblage d'un certain nombre de parties distinctes appelées *organiques*, et qui sont les instruments de la vie. Aussi les désigne-t-on souvent par la dénomination commune de *corps organiques*. Les minéraux, étant privés de vie, sont par cela même dépourvus d'organes : on les nomme *corps inorganiques*. Ils sont formés tout simplement par l'agglomération de particules de matières appelées *molécules*, qui échappent à l'œil par leur extrême petitesse, et ne deviennent sensibles que lorsqu'elles composent, par leur réunion en grand nombre, des *masses* d'un volume appréciable. Ces molécules, éléments invisibles des masses, sont maintenues dans une dépendance mutuelle, à de très-petites distances les unes des autres, par les attractions et répulsions moléculaires, c'est-à-dire par les *forces* ou lois générales de mouvement auxquelles sont soumises toutes les parties de la matière. Les molécules d'un corps sont donc dans une sorte d'équilibre plus ou moins stable, qui dépend entièrement des circonstances dans lesquelles le corps est placé, puisque, en changeant la température de celui-ci (ou son degré de chaleur), on le voit souvent passer successivement par des états de diverse consistance, tels que l'état solide, l'état fluide, et l'état aériforme ou de gaz.

Un minéral étant un agrégat de particules semblables qui ne sont qu'adhérentes entre elles, on peut le diviser en fragments de plus en plus petits, lesquels sont toujours de même nature que le corps entier. Diviser mécaniquement un corps, ce n'est en effet qu'augmenter la séparation d'un certain nombre de ses particules, jusqu'au point de rompre leur adhérence, qui ne peut se maintenir qu'autant qu'elles sont à de très-petites distances les unes des autres.

Si, par un moyen quelconque, on vient à rapprocher ou à écarter les molécules d'un minéral, on changera, non la nature du corps, mais sa structure, c'est-à-dire la disposition intime de ses molécules, et par suite ses caractères extérieurs pourront être notablement modifiés. On dit que deux minéraux sont de même nature ou de même *espèce* lorsqu'ils sont composés de molécules semblables, quelle que soit d'ailleurs la différence des aspects sous lesquels ils s'offrent. On dit que deux minéraux de même nature constituent des variétés différentes dans l'espèce, lorsqu'ils diffèrent d'une manière sensible par quelques-uns de leurs caractères extérieurs, tels que la forme, la structure, la couleur, etc. Par exemple, la pierre tendre et limpide qu'on nomme *spath d'Islande*; le marbre blanc à grain salin, dont on fait des statues ; la craie blanche et friable, qui sert à écrire ; les pierres opaques et grossières, qu'on appelle *pierres à chaux* et *pierres à bâtir*, sont des variétés d'une même espèce minérale, à laquelle les minéralogistes donnent le nom de *calcaire*. Tous ces minéraux d'aspect si différent sont en effet composés de molécules toutes semblables. Nous citerons encore ici comme exemple d'une autre espèce minérale le *quartz*, qui comprend parmi ses nombreuses variétés des corps très-connus : le *cristal de roche*, qui est un corps dur, transparent et incolore ; l'*améthyste*, pierre violette dont on fait souvent des cachets de montre ; les *agates*, pierres polissables qu'on emploie aussi dans la bijouterie ; les *silex* ou pierres à briquet et à fusil ; le *sable* et le *grès* communs, etc. Ces deux exemples suffisent déjà pour montrer jusqu'où peut aller la variation dans les caractères extérieurs d'une même substance minérale ; elle est telle, qu'il y a quelquefois plus de diversité, sous le rapport de l'aspect, entre deux minéraux de même espèce, qu'entre deux autres minéraux d'espèces différentes, et dont les molécules peuvent n'avoir rien de commun entre elles. Ceci nous conduit à faire une observation très-importante: c'est qu'il faudra distinguer avec beaucoup de soin, parmi les caractères d'un minéral, ceux qui peuvent n'exprimer qu'une différence dans l'arrangement des molécules, d'avec ceux qui en représentent une dans la nature même des molécules : ces derniers ont nécessairement une plus grande valeur que les premiers; ce sont des caractères *spécifiques* ou distinctifs de l'espèce, tandis que les autres ne sont que des caractères de variétés.

Il existe entre la minéralogie et les deux autres branches de l'histoire naturelle une différence qui mérite d'être signalée : c'est que, dans les êtres organiques, les caractères de première valeur se tirent de propriétés apparentes, et sont par cela même faciles à saisir; tandis que, dans les minéraux, les propriétés les plus essentielles pour la distinction des espèces sont en même temps les plus cachées et les plus difficiles à dévoiler. Ce que l'on étudie de préférence dans une plante ou dans un animal, c'est la forme ou la position des organes, et non la nature des molécules : dans les mi-

••

néraux, au contraire, ce sont les caractères qui expriment la différence de nature des molécules qui méritent le plus d'attention; ceux qui tiennent à l'aspect extérieur, à la forme et à la structure de la masse ont, ainsi que nous l'avons dit, beaucoup moins d'importance. C'est là ce qui rend si difficiles en minéralogie la distinction et la classification des espèces, quoiqu'elles soient peu nombreuses, tandis qu'en botanique et en zoologie, où le nombre des espèces est incomparablement plus considérable, on parvient plus aisément et plus sûrement à les reconnaître et à les classer selon leurs degrés divers de ressemblance.

Le nombre des espèces distinctes de corps inorganiques, qui composent le règne minéral, est très-petit. A peine en connaît-on aujourd'hui cinq cents qui soient bien définis et caractérisés, tandis que le nombre des espèces végétales connues monte à plus de soixante mille, et que celui des espèces d'animaux est bien plus considérable encore. Mais, en revanche, les variétés dans chaque espèce sont en général beaucoup plus nombreuses en minéralogie, et leur distinction a plus d'importance aussi que celle des variétés dans les règnes organiques, parce que celles-ci ne sont que des modifications légères d'un type primitif toujours facile à reconnaître, tandis que les premières expriment des différences qui vont quelquefois jusqu'à changer totalement les qualités extérieures du corps. Aussi chaque espèce minérale peut-elle être subdivisée en variétés de divers ordres, selon le degré de leur importance relative.

Des diverses sortes de masses minérales.

Il existe dans la nature beaucoup de masses minérales qui sont simples dans leur composition, c'est-à-dire qui sont dans toute leur étendue formées de molécules de même sorte. C'est à ces masses seulement que la définition de l'espèce minérale peut s'appliquer immédiatement et sans difficulté. Mais on rencontre aussi fréquemment dans la nature des masses qui sont simples en apparence, quoiqu'elles résultent du mélange intime de molécules diverses appartenant à des espèces différentes. Si, parmi ces molécules, il en est une sorte qui prédomine dans la masse de manière à en constituer la plus grande partie, et si les autres molécules ne sont point en assez grande quantité pour altérer notablement les caractères que cette masse emprunte aux molécules de la première sorte, on considère alors ces molécules additionnelles comme étant étrangères à la masse, dont l'espèce est alors constituée seulement par les premières molécules. La présence des autres molécules est regardée comme accidentelle, et peut seulement établir une variété de plus dans l'espèce. On voit par là que les masses qui ne sont simples qu'en apparence peuvent, tout aussi bien que celles qui le sont en réalité, être comprises dans le tableau méthodique des espèces minérales. Seulement, parmi les masses individuelles qui composent chaque espèce, il faut distinguer celles qui sont réellement simples (*minéraux purs* ou minéraux proprement dits), et celles qui sont mélangées d'une manière invisible (*minéraux impurs*), dont chacune est censée avoir pour fonds une matière principale, qui se trouve accidentellement mêlée ou souillée de particules étrangères.

Outre les deux sortes de masses minérales dont nous venons de parler, il en est d'autres qui sont visiblement hétérogènes, ou dans lesquelles l'œil distingue sans peine plusieurs substances composantes, ou plusieurs masses simples, d'espèces différentes, agrégées et comme entrelacées entre elles : ce sont les *composés minéraux* ou les *agrégats*. Telle est la masse minérale appelée *granit*, qui est composée de trois sortes de minéraux réunis sous forme de grains, savoir : de feldspath, de quartz et de mica. Il existe dans la nature un grand nombre d'agrégats, qui résultent ainsi de l'association de plusieurs minéraux réunis deux à deux, trois à trois, etc.; mais l'histoire naturelle ne tient compte que de ceux qui existent sur une étendue considérable à la surface ou dans l'intérieur de la terre, c'est-à-dire de ceux qui forment des bancs ou des amas puissants, des rochers ou des montagnes. On les désigne alors par le nom de *roches*, que l'on applique aussi aux minéraux simples, soit purs, soit mélangés, qui existent pareillement en grandes masses.

La minéralogie, ou la science qui a pour objet l'étude des minéraux simples et composés, se divise en deux branches : la *minéralogie proprement dite*, et la *géologie*. La minéralogie considère les minéraux sous le rapport de leurs propriétés générales, des caractères particuliers qui les distinguent individuellement, de leur classification dans un ordre méthodique, de leur extraction du sein de la terre, et enfin de leur emploi dans les arts et les usages de la vie. La géologie considère les minéraux sous le rapport de leur manière d'être dans la nature, du rôle plus ou moins important qu'ils jouent dans la structure du globe, dont ils sont les matériaux, des lois qui règlent leurs associations et leurs positions relatives, et dont la connaissance guide le mineur dans la recherche des substances utiles; enfin, sous le rapport des documents précieux qu'ils fournissent à l'histoire de la terre.

De la composition chimique des espèces minérales.

Les masses minérales, dont la collection constitue une espèce, étant toutes formées de molécules identiques entre elles, soit qu'on les compare dans la même masse, ou dans deux masses différentes, il est clair que le caractère distinctif des espèces réside dans leurs molécules physiques, et qu'il faut que la molécule change d'un corps à un autre, s'il y a différence d'espèce entre les corps. Or, à quoi peut tenir cette diversité de molécules? Elle provient, en général, de ce que les molécules des corps ont une composition chimique différente, que l'observation peut nous faire reconnaître. En soumettant aux divers agents de la chimie tous les minéraux purs, on a vu qu'il en existe un certain nombre dont on ne peut décomposer les molécules, c'est-à-dire dont on ne peut séparer plusieurs espèces de matières, douées chacune de propriétés différentes. On les regarde comme des substances simples, que l'on appelle *éléments*, et l'on donne à leurs dernières particules le nom d'*atomes*. Mais il existe un beaucoup plus grand nombre de minéraux purs, qui peuvent se décomposer en plusieurs espèces différentes de matières, et dont les molécules sont, par conséquent, des combinaisons chimiques de divers atomes élémentaires, réunis entre eux par cette force d'attraction que les chimistes appellent *affinité*.

Les substances réputées simples, que l'on n'a pas pu décomposer jusqu'à présent, sont au nombre de soixante-trois. On distingue parmi elles les corps simples non métalliques ou les *métalloïdes*, et les corps métalliques. Les corps simples non métalliques sont au nombre de treize : l'oxygène, l'hydrogène, le carbone, l'azote, le soufre, le sélénium, le silicium, le bore, le phosphore, l'iode, le brome, le chlore et le fluor. Les corps simples métalliques ou les *métaux* ont pour caractères d'être généralement opaques, d'avoir en masse un certain brillant qui leur est propre, et qu'on nomme *éclat métallique*, et enfin de donner un passage facile à l'électricité et à la chaleur. Tous sont solides à la température ordinaire, à l'exception d'un seul qui est liquide (le mercure). Ils sont au nombre de cinquante : leur série se partage naturellement en deux groupes, dont l'un comprend tous les métaux connus depuis longtemps, qui sont très-pesants, sont susceptibles de prendre un beau poli et un vif éclat, et se présentent souvent à l'état métallique dans la nature, ou peuvent être facilement ramenés et conservés à cet état ; ce sont les *métaux pesants* ou *métaux proprement dits*, les seuls qui soient connus sous ce nom dans les arts. L'autre groupe comprend les métaux généralement mous et légers, dont l'existence n'a été reconnue par les chimistes que depuis un petit nombre d'années. Ce sont les *métaux légers*, ou métaux des terres et alcalis, qui ne sont pas susceptibles de s'offrir d'eux-mêmes à l'état métallique, parce qu'ayant une grande affinité pour l'oxygène, l'un des éléments les plus répandus, puisqu'il fait partie de l'air et de l'eau, ils s'unissent et se présentent unis partout à ce corps, en prenant l'aspect de matières terreuses, et constituent alors ces matières qu'on appelait anciennement *terres* et *alcalis*. Les métaux proprement dits sont au nombre de trente : le fer, le plomb, le cuivre, l'étain, le zinc, le mercure, l'argent, l'or, le platine, l'antimoine, le bismuth, le cobalt, le nickel, l'arsenic, le chrome, le vanadium, le manganèse, le molybdène, le tungstène, le titane, le tantale, le tellure, l'urane, le cérium, le cadmium, l'osmium, le palladium, le rhodium, l'iridium, et l'aluminium, que jusqu'à présent on avait placé dans le second groupe.

Nous venons de nommer tous les éléments dont sont composés les minéraux, et auxquels les ramène l'analyse ou la décomposition chimique. Ces éléments ne se présentent pas toujours combinés les uns avec les autres. Il en est qui constituent à eux seuls des minéraux, qui les offrent, par conséquent, à l'état libre, ou, comme disent les minéralogistes, à l'état natif. Il en est quelques-uns qui ont une grande tendance à s'unir avec un autre élément pour former ce qu'on nomme des *composés binaires :* tels sont, par exemple, l'oxygène, le soufre, l'arsenic, le chlore. Les composés binaires formés par l'oxygène uni à un autre élément sont les plus nombreux. Ils se partagent en deux séries : l'une comprend les *acides*, qui ont une saveur aigre, et la propriété de rougir les couleurs bleues végétales ; la seconde renferme les *oxydes* proprement dits, ou les bases salifiables, corps en général insipides, au nombre desquels sont les *alcalis :* ces derniers ont bien une saveur, mais qui est caustique et non pas aigre, et loin de rougir les couleurs bleues et végétales, ils ramènent au bleu celles qui ont été rougies par un acide. Les acides ne se combinent presque jamais entre eux ; mais ils sont susceptibles de s'unir à un grand nombre d'oxydes, avec lesquels ils forment des *composés ternaires* (à trois éléments), connus sous le nom de *sels*. Les acides se désignent en ajoutant au nom du corps simple la terminaison *ique*. Exemple : *acide borique*, *acide carbonique*. Si le corps simple forme deux acides, par sa combinaison avec l'oxygène en deux proportions, le plus oxygéné se termine en *ique*, et le moins oxygéné en *eux*. Ex. : *acide sulfurique*, *acide sulfureux*. Les sels, combinaisons d'un acide avec un oxyde, se désignent par le nom de l'acide auquel on donne une terminaison particulière, suivi du nom de l'oxyde ou du métal oxydé. Ainsi l'on dit : *sulfate de zinc*, pour indiquer la combinaison de l'acide sulfurique avec l'oxyde de zinc.

Les composés binaires formés par le soufre, l'arsenic, le chlore, etc., portent le nom de *sulfures*, d'*arséniures*, de *chlorures*, etc. Ainsi l'on dit : *sulfure de plomb*, pour marquer la combinaison du soufre avec le plomb. Deux sulfures, deux arséniures, peuvent, de même que deux oxydes, donner naissance par leur combinaison à des composés ternaires, qu'on appelle sulfures doubles, arséniures doubles, etc. Les composés binaires qui résultent de la combinaison des métaux entre eux, se nomment *alliages*. Les sels dans lesquels il entre de l'eau sont dits *hydratés*.

Nous avons vu qu'on appelait *atomes* les plus

petites parties matérielles dans lesquelles les minéraux peuvent être divisés par les décompositions chimiques, en sorte qu'il y a autant d'espèces différentes d'atomes qu'il y a de corps simples ou indécomposés. Les atomes de même espèce ou d'espèces différentes se groupent ou se combinent entre eux en diverses proportions et de diverses manières pour former ces autres particules des corps, que nous avons appelées *molécules*, et qui, malgré leur état plus complexe, échappent à nos sens par leur petitesse extrême, tout aussi bien que les atomes simples. Toute molécule d'un composé est une combinaison définie d'atomes simples, dans laquelle chaque atome d'une espèce entre pour un nombre déterminé. Ainsi, dans les molécules des sulfures métalliques, il y a tantôt un atome de soufre pour un atome de métal, tantôt deux atomes de soufre pour un de métal ou pour trois de métal, et ainsi de suite. De plus, dans la molécule de chaque espèce, les atomes élémentaires sont toujours arrangés entre eux dans le même ordre, de manière que cette molécule a une forme déterminée et invariable. Les molécules des diverses espèces peuvent donc différer entre elles sous trois rapports, savoir : par la nature particulière des atomes qui les composent, par le nombre particulier des atomes de chaque sorte, et par l'arrangement ou la disposition relative des divers atomes entre eux. Il y a des minéraux qui diffèrent sous ces trois rapports à la fois ; il en est qui diffèrent l'un de l'autre par la nature de leurs éléments, mais qui paraissent être composés de nombres égaux d'atomes assemblés de la même manière. D'autres sont formés des mêmes atomes, unis d'une manière différente, soit en mêmes nombres, soit en nombres différents. Dans ce dernier cas, il peut encore arriver que les nombres absolus d'atomes soient différents, mais que les divers atomes soient entre eux dans les mêmes proportions relatives, par exemple, dans l'un des composés, comme un est à deux, et dans l'autre, comme trois est à six ; et comme l'analyse chimique ne nous fait pas connaître les nombres réels d'atomes composants, mais seulement les nombres relatifs, il est clair que ces composés, quoique différents, auront, d'après les résultats de l'analyse, même composition chimique *apparente*.

CARACTÈRES DES MINÉRAUX.

Les caractères des minéraux sont toutes les qualités ou propriétés qu'ils présentent et qui peuvent servir à les distinguer. Ils peuvent se partager en deux classes : les *caractères chimiques*, et les *caractères physiques*. Ceux-ci se subdivisent eux-mêmes en *caractères physiques proprement dits* et en *caractères extérieurs* On entend par caractères extérieurs, ceux qui tombent immédiatement sous les sens, ou qui s'offrent en quelque sorte d'eux-mêmes à l'observation, et n'exigent aucune épreuve longue ou difficile, aucun instrument particulier pour être perçus. Tels sont les caractères de structure, de forme, de cassure, de couleur, et généralement tous ceux d'où provient le *facies*, ou la physionomie particulière du minéral.

Caractères extérieurs.

De la structure.

La *structure* est le caractère qui résulte de la disposition des parties dans l'intérieur de la masse minérale. La structure est simple, s'il s'agit de la disposition des molécules elles-mêmes dans l'intérieur d'une masse qui paraît homogène, et ne présente à l'œil aucune distinction de parties. Elle est *composée*, lorsque la masse est formée par l'agrégation d'un grand nombre de parties distinctes, dont chacune possède une structure simple. Parmi les structures simples, il en est une qui mérite une attention particulière : c'est la structure régulière, qu'on nomme *cristalline*; elle consiste dans une disposition symétrique et uniforme des molécules dans toute la masse du corps, disposition qui est rendue sensible dans beaucoup de cas par le moyen du clivage. On appelle ainsi une sorte de division mécanique, très-remarquable, dont la plupart des cristaux naturels sont susceptibles, et qui est une conséquence de leur structure régulière. Cette structure est telle, en effet, que le cristal peut être considéré, dans telle ou telle direction, comme formé de tranches ou de couches planes de molécules, parallèles à cette direction, chacune de ces couches étant elle-même formée de files ou rangées droites de molécules, juxtaposées entre elles. Ces files et ces couches ne se touchent point, mais sont séparées par des fissures régulières. Or, à l'aide d'une lame d'acier, introduite avec précaution dans la direction d'une de ces fissures (fig. 1), et sur laquelle on appuie ou frappe légèrement, on parvient souvent à vaincre l'adhérence de deux couches contiguës, et à mettre à découvert leurs *joints naturels*, c'est-à-dire les faces par lesquelles elles se regardaient, et qui se montrent toujours sous l'aspect de plans lisses et éclatants. C'est ainsi qu'on parvient à

Fig. 1.

diviser facilement dans un certain sens les substances très-communes appelées *gypse*, *mica*, *talc*, lorsqu'elles sont en masses cristallisées. Il est clair que lorsqu'un cristal a été ainsi divisé ou *clivé* dans un sens par ces coupes nettes, il doit être possible de poursuivre le clivage sur les fragments, parallèlement aux faces nouvelles que l'on a mises à nu, en sorte que le cristal entier peut être partagé en lames parallèles, de plus en plus minces, au moyen de divisions successives, répétées toujours dans le même sens : ceci est la confirmation la plus positive de l'idée que nous avons donnée tout à l'heure de la structure cristalline.

Il est des substances qui ne peuvent être clivées nettement que dans un seul sens ; il en est d'autres qui sont susceptibles de clivage dans plusieurs sens à la fois, en sorte que les fragments que l'on détache de la masse par la percussion sont des *polyèdres*, c'est-à-dire des solides terminés par plusieurs plans. Les premiers ont une simple structure laminaire ; les autres ont une structure polyédrique. Ces plans de clivage sont toujours inclinés entre eux sous les mêmes angles dans toutes les masses cristallines de la même espèce. Ainsi toutes les masses cristallines de calcaire (carbonate de chaux) se divisent toujours en fragments rhomboïdaux, d'une figure constante, représentés fig. 2. Toutes celles de galène (sulfure de plomb) se divisent en fragments cubiques, etc. Ce résultat nous montre de quelle importance est la considération de la structure cristalline pour la distinction des espèces minérales : c'est comme une sorte d'organisation qui est toujours la même dans chaque espèce, mais qui varie d'une espèce à une autre, et de telle manière que la différence est susceptible d'une appréciation rigoureuse.

Fig. 2.

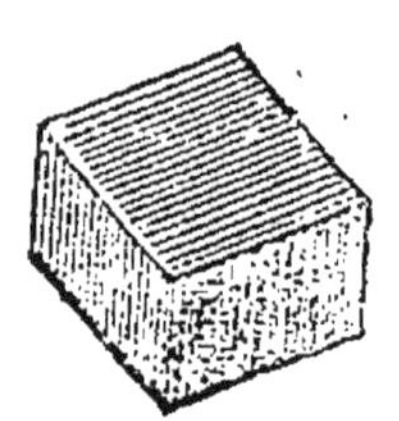

Lorsque les clivages existent en nombre suffisant pour que les plans qu'ils mettent à découvert donnent par leur ensemble un solide complet et régulier, comme c'est le cas des deux substances que nous venons de citer, ce solide est appelé *solide* ou *polyèdre de clivage*. On lui donne aussi le nom de *noyau*, parce que toutes les masses cristallines de la même espèce peuvent, quelle que soit leur configuration extérieure, être divisées mécaniquement en deux parties : une partie centrale qui est la même pour toutes, parce qu'elle représente le solide de clivage, et qui fait dans chacune d'elles l'office d'une espèce de noyau ; et d'une partie enveloppante, formée de couches de molécules appliquées successivement sur les différentes faces de ce noyau. Nous reviendrons bientôt sur cette idée, pour nous rendre compte de la diversité des formes sous lesquelles se présentent les individus de la même espèce minérale.

Nous n'avons considéré dans ce qui précède que les minéraux à structure simple régulière. Mais la structure simple peut être irrégulière, c'est-à-dire consister dans une réunion confuse de molécules telle, par exemple, que la structure des masses *vitreuses*, et celle des pierres qu'on nomme *compactes*, comme l'agate. Enfin, nous avons dit que la structure de certaines masses pouvait être composée, c'est-à-dire résulter de l'agrégation d'un grand nombre de parties distinctes, qui, prises séparément, ont une structure simple, cristalline ou compacte. Telles sont les structures qu'on nomme *lamellaires*, ou *grenues*, lorsqu'elles sont produites par l'accumulation d'un grand nombre de petites lamelles cristallines ou de petits grains, comme le marbre statuaire ou le grès des paveurs; celles qu'on nomme *fibreuses*, et qui résultent de la réunion de fibres ou d'aiguilles, réunies entre elles en faisceau, ou groupées par leurs extrémités en rayons divergents, comme l'amiante, le gypse, etc.; les structures *oolithiques*, qui résultent de la réunion de petits globules arrondis, que l'on a comparés à des œufs de poissons (le calcaire oolithique, le minerai de fer en grains); les structures *schisteuses*, ou celles des masses composées d'un grand nombre de feuillets séparables comme l'ardoise; les structures *stratiformes*, produites par des veines ou couches successives que l'on ne peut séparer, comme celles de l'albâtre veiné, etc.

De la forme des minéraux.

Les corps inorganiques n'ont point une forme propre et invariable, comme les corps organiques. Leur configuration extérieure est le plus souvent accidentelle, c'est-à-dire qu'elle est le résultat des circonstances locales qui ont déterminé la réunion de leurs molécules. Ce n'est que dans les masses qui ont cristallisé lentement et sans trouble, qui ont pris librement une structure simple cristalline et un accroissement uniforme dans tout leur pourtour, que l'on observe des formes régulières, polyédriques, c'est-à-dire terminées de toutes parts par des facettes planes, polies, et souvent aussi brillantes que celles des pierres précieuses travaillées par la main du lapidaire. On donne, en général, le nom de *cristaux* aux corps naturels qui présentent extérieurement ces formes régulières, et conjointement une structure cristalline à l'intérieur.

Un fait très-remarquable, et qui distingue les minéraux des êtres organiques, c'est que la forme cristalline, qui par sa régularité semblerait devoir être déterminée dans chaque espèce, comme celle de l'animal ou du végétal, ne reste pas invariablement la même dans tous les cristaux appartenant à la même substance minérale. Le même minéral se présente fréquemment sous un grand nombre de formes cristallines différentes, toutes également régulières, mais composées de faces qui diffèrent et par leur nombre et par leur figure. Ces formes toutefois, dont l'ensemble est toujours limité, si l'on se borne à considérer celles qui sont de genres essentiellement différents, ont un caractère de symétrie qui est le même pour toutes celles qui appartiennent à chaque minéral, et qui se lie à la structure cristalline intérieure que nous avons vue être invariable, c'est-à-dire au solide de clivage qui en est la représentation. Ce caractère permet de les faire dériver toutes de l'une quelconque d'entre elles ; elles composent donc un ensemble, que chacune des formes rappelle à l'esprit, et peut reproduire avec facilité, et cet ensemble est ce qu'on appelle le *système cristallin* du minéral. On connaît plusieurs systèmes cristallins qui diffèrent complétement par la nature des formes qui les composent ; mais le nombre de ces systèmes essentiellement différents est très-petit; la plupart des minéralogistes le portent simplement à six.

L'une des formes d'un système cristallin peut être transformée successivement dans toutes les autres, et cette transformation est indiquée par la nature elle-même, qui nous montre dans des séries de cristaux convenablement choisis et ordonnés entre eux une même forme passant successivement à toutes les autres. Ce passage graduel a lieu par de petites facettes additionnelles, qui remplacent les bords ou les angles solides de la première forme, comme si ces bords ou ces angles avaient été tronqués, et l'avaient été, quant au nombre et à la position des *troncatures* ou facettes nouvelles, d'une manière symétrique à l'égard de cette première forme. Celle-ci n'est d'abord modifiée que légèrement par les facettes additionnelles, mais ces facettes finissent, en augmentant peu à peu d'étendue, par devenir dominantes, et par faire disparaître entièrement les faces primitives, en s'entrecoupant mutuellement. De là dérive le moyen géométrique que l'on emploie pour trouver toutes les formes dont se compose un système cristallin, en prenant pour point de départ l'une quelconque d'entre elles : ce moyen consiste à tronquer successivement cette forme sur ses bords ou sur ses angles, de toutes les manières possibles, pourvu qu'elles soient symétriques, et de prolonger les facettes de troncature jusqu'à ce qu'elles s'entrecoupent et produisent par leur réunion une nouvelle forme. Par exemple, le cube[1] (fig. 3) peut être tronqué

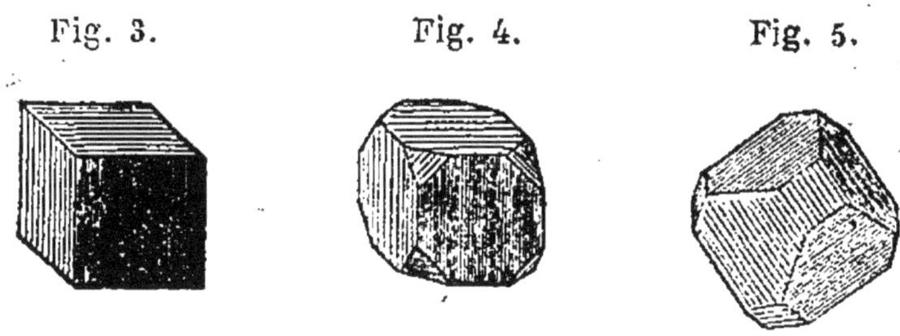

Fig. 3. Fig. 4. Fig. 5.

par une facette sur chacun de ses angles, comme on le voit fig. 4. Si l'on suppose que les mêmes troncatures aient eu lieu beaucoup plus profondément, les nouvelles faces produites auront augmenté d'étendue aux dépens des faces primitives, qui se trouveront réduites à de petits carrés (fig. 5). La fig. 5 n'est donc qu'une simple modification de la fig. 2 ; c'est le même assortiment de faces, seulement avec des dimensions différentes.

Les huit facettes, de forme triangulaire, s'étant accrues de nouveau, ou étant prolon

1. Un cube est un solide terminé par six faces carrées et égales ; c'est la forme que représente un dé à jouer.

gées jusqu'à s'entrecouper et faire disparaître les facettes carrées, donnent un octaèdre[1] régulier (fig. 6). Le même solide peut être modifié sur chacun de ses bords par une facette, comme on le voit (fig. 7). Toutes ces facettes étant au nombre de douze, leur réunion produit un dodécaèdre[2] à faces rhombes (fig. 8).

Fig. 6.

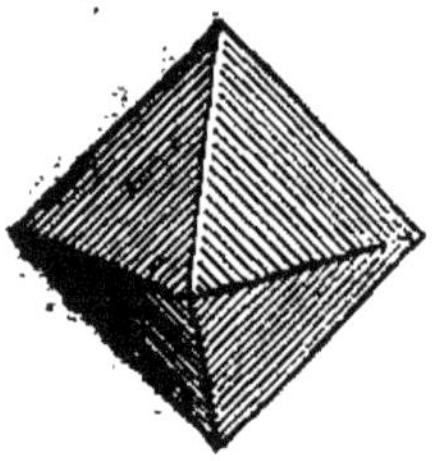

Fig. 7.

Fig. 8.

Toutes les formes pouvant ainsi se déduire de l'une quelconque d'entre elles, celle que l'on choisit pour base ou origine du système se nomme *forme fondamentale* ou *primitive*. Toutes les autres sont à l'égard de celle-ci des *formes dérivées* ou *secondaires*. Le solide de clivage ou le noyau faisant toujours partie des

1. Les octaèdres, en minéralogie, sont des solides à huit faces triangulaires. L'octaèdre régulier est celui dont tous les bords sont égaux, ou qui est terminé par huit triangles équilatéraux.

2. Le dodécaèdre est un solide terminé par douze faces. Le rhombe ou losange est une figure à quatre côtés égaux, mais non perpendiculaires comme ceux du carré.

formes du système, on le choisit assez ordinairement pour forme primitive. Nous ne continuerons pas l'examen de toutes les formes qui composent le système dont le cube fait partie, et que nous pouvons appeler le *système du cube.* Nous nous bornerons à citer, parmi les minéraux dont les formes cristallines se rapportent à ce système, le sel commun ou sel marin, et la pyrite ordinaire (ou sulfure de fer jaune).

Outre le système du cube, il existe encore cinq autres systèmes cristallins, dans les détails desquels nous ne pouvons entrer ici. Nous nous bornerons à indiquer quelques-unes des formes les plus simples, qui peuvent servir à caractériser chacun d'eux et à le dénommer. Le second système est celui qu'on peut appeler *système du rhomboèdre*[1], parce que la forme la plus simple, que l'on prend pour fondamentale,

Fig. 9. Fig. 10 Fig. 11. Fig. 12

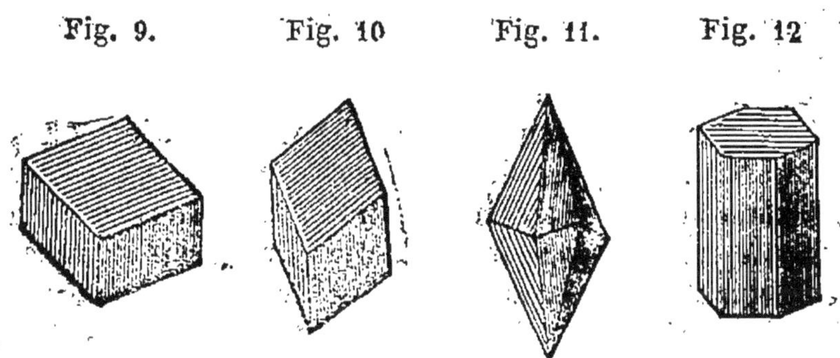

est le rhomboèdre (fig. 9 et 10). Les formes se-

1. Un rhomboèdre ou rhomboïde est une sorte de pa-

condaires principales sont le dodécaèdre ou la double pyramide à douze triangles égaux et irréguliers (fig. 11), le prisme[1] régulier à six pans (fig. 12), et le dihexaèdre ou dodécaèdre à triangles isocèles (fig. 13). Parmi les minéraux dont les formes se rapportent à ce système, sont le calcaire (ou carbonate de chaux), et le quartz (ou cristal de roche).

Fig. 13.

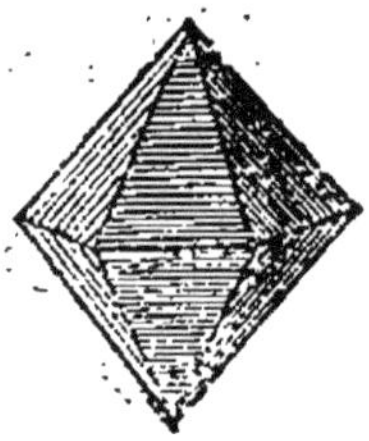

Le troisième système a pour forme fondamentale le *prisme droit à bases carrées* (fig. 14), qui par la troncature des bords de ses bases

rallélipipède formé de six rhombes égaux : il a un axe, passant par deux angles solides opposés, et qui se place verticalement. Le parallélipipède est en général un solide à six faces égales et parallèles deux à deux. Le rhomboèdre est obtus (fig. 9) lorsque l'angle plan de deux arêtes aboutissant à un des sommets est plus grand que l'angle droit; il est aigu (fig. 10) lorsque cet angle plan est plus petit que l'angle droit.

1. Un prisme est un polyèdre terminé supérieurement et inférieurement par deux figures égales et parallèles, et latéralement par autant de parallélogrammes que chacune de ces figures a de côtés. Un parallélogramme est une figure à quatre côtés, dont les opposés sont égaux et parallèles. Les deux faces terminales sont les bases du prisme; les faces latérales en sont les pans. Un prisme est *droit* lorsque sa base est perpendiculaire sur les bords latéraux; il est *oblique* lorsque la base est inclinée sur ces mêmes bords.

passe à l'octaèdre à base carrée[1] (fig. 15). Exemple : le zircon, l'oxyde d'étain.

Fig. 14. Fig. 15.

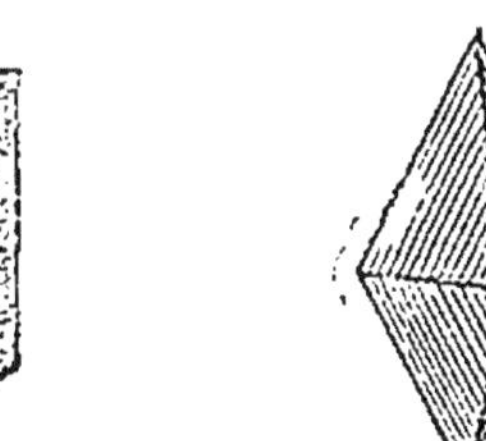

Fig. 16.

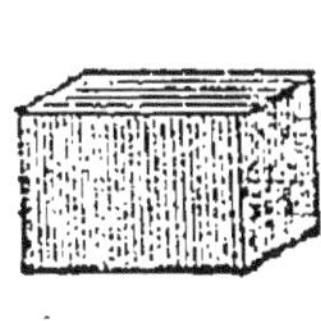

Le quatrième système est celui du *prisme droit à bases rectangles*[2] (fig. 16). Ce prisme se transforme par la troncature de ses bords latéraux en un prisme droit à bases rhombes ; et chacun de ces prismes donne naissance à un octaèdre droit, de base semblable aux siennes, lorsqu'il est tronqué sur les bords de ces dernières. Les cristaux de soufre, de topaze, appartiennent à ce système.

Fig. 17.

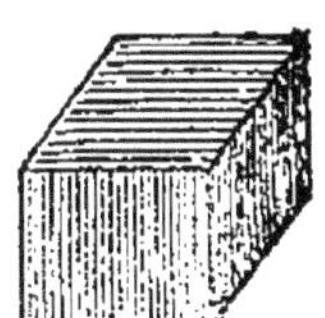

Fig. 18.

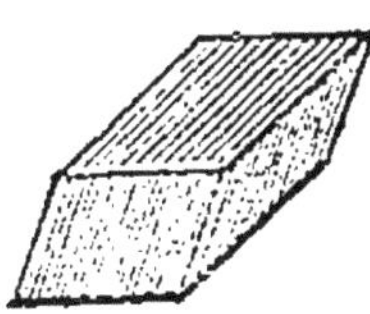

1. Un octaèdre peut être envisagé comme une double pyramide à base quadrangulaire.

2. Un rectangle est un parallélogramme dont tous les angles sont droits, c'est-à-dire ont leurs côtés perpendiculaires.

Le cinquième système est celui du *prisme oblique à base rectangle* (fig. 17). Les formes principales de ce système sont, comme celles du précédent, des prismes et des octaèdres à base rectangle ou rhombe, mais obliques. Exemples de minéraux qui se rapportent à ce système : le gypse, le feldspath, l'amphibole, le pyroxène.

Le sixième système a pour forme fondamentale le *prisme oblique* dont la base est un parallélogramme irrégulier (fig. 18) ; les formes simples de ce système sont des prismes et des octaèdres obliques à base parallélogramme. Exemple : l'axinite.

Un système cristallin est un ensemble de formes générales qui se rencontre dans beaucoup d'espèces différentes. Chaque forme de ce système, si on la considère dans la même espèce minérale, se présente avec les mêmes angles dans un grand nombre de cristaux, provenant de lieux très-différents, en sorte qu'elle constitue une variété fixe. Prenons pour exemple le minéral appelé *quartz hyalin*, ou vulgairement cristal de roche. La forme la plus ordinaire de ces cristaux est celle d'un prisme à six pans, surmonté de pyramides (fig. 19). Dans toutes les contrées de la terre on trouve de ces cristaux, et partout ils offrent

Fig. 19.

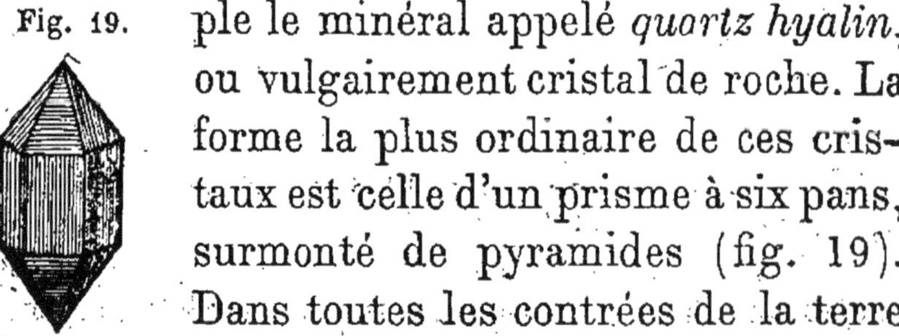

une identité parfaite, non dans l'étendue de leurs faces correspondantes (car cette étendue relative varie beaucoup), mais dans les inclinaisons mutuelles de leurs faces. En passant d'une espèce à une autre, chaque système de formes (le premier excepté) ne conserve pas les mêmes angles. Ainsi, dans l'émeraude et le corindon, qui appartiennent ainsi que le quartz au système du rhomboèdre, on trouve aussi des cristaux de la forme représentée fig. 19; mais pour chaque espèce, l'inclinaison d'une face de pyramide sur le pan correspondant a une valeur particulière.

Puisque les angles de chaque variété de formes cristallines sont invariables dans la même espèce, et changent en général d'une espèce à l'autre, leur mesure doit donner au minéralogiste un caractère d'une assez grande valeur, s'il peut l'obtenir avec une précision suffisante. Pour atteindre ce but, on se sert d'instruments appelés *goniomètres*. Le plus simple est celui que représente la fig. 20.

Fig. 20.

Il consiste en deux lames d'acier, mobiles sur un axe commun, et que l'on place sur un demi-cercle en cuivre divisé en degrés (ou 360e du cercle entier), de manière que cet axe passe par le centre du demi-cercle, et que l'une des lames corresponde au diamètre. On applique ces lames par leur tranche sur les deux faces que l'on veut mesurer, perpendiculairement à la ligne de jonction de ces faces, et elles font connaître la valeur de l'angle par leur ouverture, c'est-à-dire par le nombre de degrés du demi-cercle qu'elles comprennent entre elles.

Nous avons vu (page 24) que tous les cristaux appartenant à une même espèce minérale pouvaient être considérés comme formés de deux parties, d'une partie commune qui est le noyau ou solide de clivage, et d'une partie variable qui se compose de lames empilées sur les différentes faces de ce noyau. Or la variation de cette partie enveloppante ne peut provenir que des changements que subissent dans leur figure et dans leur étendue les lames cristallines qui s'élèvent au-dessus de chaque face du noyau. Si ces lames décroissent successivement soit sur les bords, soit vers les angles, et que ce décroissement ait lieu uniformément par la soustraction constante d'une ou de plusieurs rangées de molécules, les lames qui recouvriront chaque face du noyau s'élèveront en pyramide au-dessus d'elle, et par la retraite successive et régulière de leurs bords qui seront tous alignés sur des plans, produiront les facettes modifiantes, lesquelles entoureront le noyau en le touchant chacun dans un de ses bords ou de ses angles. La fig. 21 peut donner une idée de la manière dont un minéral qui a pour noyau un cube, peut passer au dodécaèdre rhomboïdal par un décroissement sur les bords. Dans ces sortes de représentations, on suppose que les molécules elles-mêmes ont une forme semblable à celle du noyau.

Fig. 21.

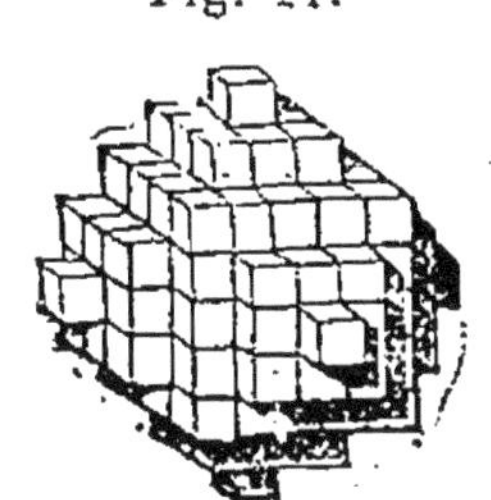

Les formes cristallines n'ont pas toujours toute la perfection désirable; elles sont souvent altérées, soit par l'accroissement démesuré de certaines parties, soit par l'arrondissement des faces et des arêtes. C'est ce qui a lieu pour les formes qu'on nomme *sphéroïdales*, *lenticulaires* (ou semblables à des lentilles), *aciculaires* ou en aiguilles, *cylindroïdes*, etc. Les cristaux sont aussi rarement isolés dans la nature. Ceux de même espèce s'agrégent fréquemment entre eux de diverses manières, et composent ainsi des groupes, dont la configuration extérieure est plus ou moins régulière. On voit (fig. 22 et 23) quatre cristaux de staurotide (ou pierre de croix), réunis de manière à former une croix rectangulaire ou obliquante. Les cristaux produisent ainsi par leur réunion des groupes irréguliers, que l'on ne peut décrire et dé-

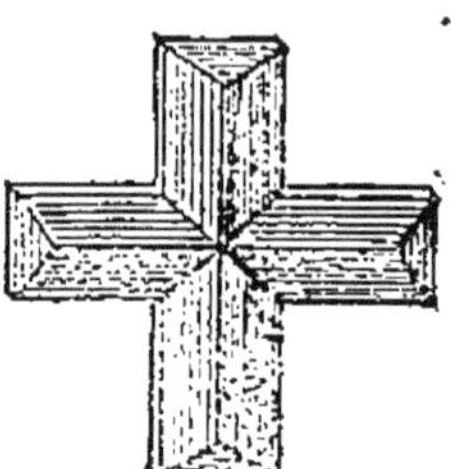
Fig. 22.

Fig. 23.

nommer que dans le cas où leurs formes présentent quelque analogie avec celles de corps connus, comme le groupements qu'on nomme *dendritiques* et *coralloïdes*. Les dendrites ou arborisations sont dues à de petits cristaux qui se groupent en s'implantant à la file les uns des autres, et qui produisent de cette manière des ramifications dont l'ensemble offre l'aspect d'un petit arbre. Ces ramifications rappellent tout à fait celles que le froid produit, l'hiver, sur nos vitres, en y congelant l'humidité de l'air. Tantôt ces espèces d'arborisations ne sont que superficielles sur la pierre qui les présente, et tantôt elles pénètrent profondément dans l'épaisseur de la substance. Les groupements coralloïdes sont dus à une multitude de petites aiguilles cristallines, implantées dans tous les sens autour d'un axe commun, et formant des branches cylindriques qui se contournent et se ramifient entre elles à la manière du corail. Telle est la variété d'arragonite, que les anciens minéralogistes appelaient *flos ferri*, parce qu'elle accompagne ordinairement les minerais de fer. On donne le nom de *druse* à une couche cristalline, formée de cristaux serrés les uns contre les autres, et qui revêt la surface d'une substance de nature différente.

Fig. 24.

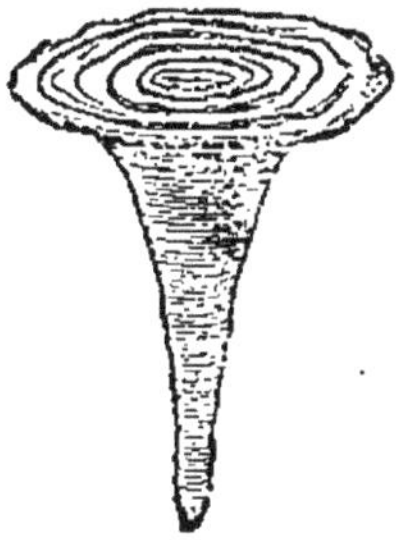

Parmi les formes accidentelles et irrégulières que les minéraux peuvent offrir, on distingue : 1° les *stalactites* : ce sont des espèces de cônes allongés, pleins ou creux, qui sont semblables pour la forme à ces aiguilles de glace qui pendent pendant l'hiver au bord de nos toits (fig. 24). On les trouve suspendues aux voûtes des grottes souterraines, à travers lesquelles a suinté un liquide chargé de particules le plus souvent calcaires. Ces particules se déposent à mesure que les gouttes se dessèchent. Une partie du liquide, en tombant sur le sol, y forme d'autres dépôts ordinairement mamelonnés, qu'on nomme *stalagmites*. Quelquefois ces derniers dépôts, en prenant de l'accroissement, vont joindre les stalactites qui pendent aux voûtes et forment par la suite d'énormes colonnes qui décorent majestueusement l'intérieur des cavernes. Il existe plusieurs grottes remarquables sous ce rapport; mais l'une des plus célèbres que l'on connaisse est celle d'Antiparos en Grèce, qui a été visitée par Tournefort. Ce botaniste, en la voyant, s'imagina que les pierres végétaient à la manière des plantes.

2° Les *oolithes*. Ce sont des globules composés ordinairement de couches concentriques, et dont la matière a été déposée par un liquide en mouvement autour de petits grains de sable soulevés par lui. Les globules croissent en volume pendant leur suspension, jusqu'à ce que, devenus trop lourds, ils tombent au fond de l'eau pour y former en s'agglutinant entre eux des masses à structure oolithique. C'est ce que l'on voit dans les eaux chargées de particules calcaires des bains de Carlsbad en Bohême, de Tivoli près de Rome, de Vichy en Auvergne.

3° Les *rognons* ou *nodules*, corps arrondis à structure compacte et souvent stratiforme, et que l'on trouve disséminés au milieu de roches d'une nature différente. Tels sont les rognons de silex, ou de pierre à fusil, au milieu de la craie. Ces rognons peuvent être formés en même temps que la matière qui les enveloppe, ou bien ils peuvent être postérieurs au dépôt et à la consolidation de la matière enveloppante; car on voit souvent des liquides chargés de particules pierreuses ou métalliques s'infiltrer dans les cavités de certaines roches, en incruster les parois, et finir même par les remplir totalement. Lorsque ces nodules sont d'un petit volume, on leur donne le nom d'*amandes*. Les rognons formés par voie d'infiltration sont composés de couches qui se sont ajoutées l'une après l'autre en allant de la surface vers le centre. Ces dépôts successifs sont souvent rendus sensibles sur la coupe des nodules par des zones de différentes couleurs, comme on le voit sur les agates onyx (fig. 25). Les nodules ainsi produits sont rarement pleins; il reste ordinairement vers le centre une cavité plus ou moins grande, occupée par une matière solide ou pulvérulente, qui, ne la remplissant pas entièrement, y forme une sorte de noyau mobile qui résonne dans l'intérieur lorsqu'on agite le nodule. Ces rognons creux portent en général le nom de *géodes;* ceux d'un certain minerai de fer sont connus sous le nom de *pierres d'aigle*. Il existe encore d'autres formes arrondies, qui ont été produites par des causes accidentelles, postérieurement à l'époque où le minéral s'est consolidé : ce sont celles des galets ou *cailloux roulés*, que l'on trouve si abon-

Fig. 25.

damment dans le lit des torrents, sur les bords et à l'embouchure des grands fleuves, au fond et sur la grève des mers, et qui composent, en outre, dans l'intérieur des terres, des amas immenses, non-seulement à la surface du sol, mais même à de grandes profondeurs, comme aussi à des hauteurs considérables au-dessus du niveau des plaines. On peut se faire une idée juste de l'origine de ces dépôts, puisqu'on en voit de semblables se former encore de nos jours, et s'accumuler au fond des vallées et dans toutes les parties basses de nos continents. Ces galets proviennent de débris de roches décomposées, de fragments détachés des montagnes, du bord des rivières ou du rivage de l'Océan, et qui, roulés par les torrents, charriés par les fleuves ou balancés par les flots de la mer, s'usent et s'arrondissent par leur frottement mutuel, joint à l'action érosive des eaux courantes. Lorsque ces matières roulées sont réduites à l'état de petits cailloux ou de grains, on leur donne le nom de *gravier* ou de *sable*; et si les galets ou grains de sable sont réunis entre eux en une masse solide, ce qui a lieu souvent à l'aide d'un ciment de nature variable, on a ce que l'on appelle un *poudingue* ou un *grès*.

4° Les *masses prismatiques* ou *columnaires*, produites par le retrait de masses pierreuses qui se sont desséchées, ou de matières fondues qui se sont refroidies lentement. Ces matières, par la dessiccation ou par le refroidissement, se fendillent en divers sens et se partagent en fragments polyédriques, qui ont quelquefois une régularité apparente. C'est ainsi que les basaltes, qui sont d'anciennes laves de volcans, sont divisés par des fissures planes en grandes colonnades prismatiques (fig. 26), à trois, quatre, cinq ou six pans. On rencontre de ces masses basaltiques dans une multitude de lieux en Auvergne et dans le Vivarais. Elles sont le plus souvent partagées en grands prismes qui ressemblent à des prismes hexagonaux. Souvent ces prismes sont debout ou verticaux ; mais quelquefois aussi ils sont couchés et rangés à côté les uns des autres, à la manière des piles de bois de nos chantiers. Lorsqu'ils sont debout et qu'on les aperçoit de loin, ils offrent l'aspect d'une vaste colonnade ; mais si l'on se trouve au-dessus de la masse, et que l'on marche sur la tranche des prismes, le sol basaltique se présente alors comme un immense pavé, composé de dalles hexagonales, ce qui lui a fait donner le nom de *chaussée des géants*. Les argiles et les

Fig. 26.

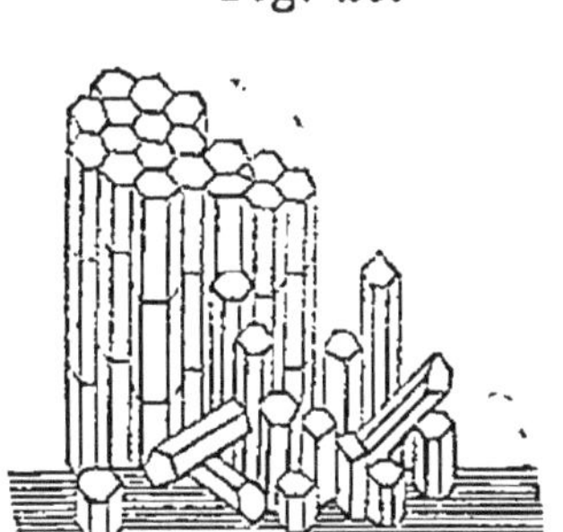

marnes desséchées sont souvent traversées par des fissures plus ou moins régulières, et, lorsque ces fissures ont été remplies postérieurement par une infiltration de matière diversement colorée, il en résulte sur la coupe de la masse des espèces de mosaïques, que l'on désigne en général par le nom de *ludus*. On débite ces masses sous forme de tablettes, que l'on emploie pour le revêtement des consoles.

5° Les *pseudomorphoses*, ou formes empruntées, qui sont étrangères au minéral qui les présente, après les avoir prises à d'autres corps préexistants, soit organiques, soit inorganiques. Cet emprunt de forme a pu avoir lieu : 1° par *incrustation*, comme lorsque des eaux chargées de matière calcaire la déposent à la surface de différents corps organisés, animaux ou végétaux, et les revêtent d'une croûte pierreuse qui en retrace la forme extérieure avec plus ou moins de fidélité. Il existe à Saint-Alyre, près de Clermont, et dans d'autres lieux, des sources qui possèdent cette vertu incrustante ; on y plonge des nids d'oiseaux, des paniers de fruits, des branchages, qui se recouvrent en très-peu de temps d'une enveloppe pierreuse. Ce ne sont point là, comme on le croit communément, des pétrifications ou substitutions d'une matière pierreuse à des matières organiques, mais de simples incrustations ou enduits pierreux, sous lesquels les corps organiques peuvent se conserver sans altération pendant un temps plus ou moins long. 2° Par *moulage*, lorsqu'une matière pierreuse encore molle vient se modeler dans l'intérieur ou autour des coquilles et autres corps organiques creux, de manière à produire un moule ou une représentation de leur surface intérieure ou de leur surface extérieure, ou bien lorsqu'elle vient remplir une cavité laissée libre par la destruction d'un être organique ou inorganique qui l'occupait auparavant. 3° Par *pétrification*, ou substitution graduelle d'une substance à une autre, lorsque en vertu d'actions chimiques les éléments d'un corps organique sont expulsés totalement ou en partie, et remplacés, molécule à molécule, par d'autres éléments qui laissent subsister non-seulement la forme, mais même la structure du premier corps. Les pétrifications les plus remarquables sont celles que nous offrent les bois *fossiles*, c'est-à-dire les bois qui ont été enfouis très-longtemps dans les couches de la terre, et que l'on trouve convertis en silex, ou pour mieux dire remplacés par des molécules siliceuses. La matière pierreuse représente si exactement la forme du végétal et tous les détails de son organisation interne, que l'on peut souvent reconnaître à quelle classe de plantes il appartenait. Le règne animal fournit pareillement des pétrifications provenant généralement des parties dures des animaux, telles que les os et le test des coquilles, qui peuvent conserver assez longtemps leur forme, après leur dépôt dans le sol, pour que la matière pétrifiante les enveloppe et les pénètre lentement. Certaines couches de la terre abondent en débris organiques plus ou moins bien conservés, en pétrifications, en moules et empreintes de plantes et d'animaux : tous ces vestiges d'organisation ancienne, que recèle la terre, sont ce que l'on nomme généralement des *fossiles;* ils sont d'un grand secours pour l'étude de la géologie.

De la cassure.

On entend par le caractère de *cassure* l'aspect particulier que présente la surface nouvelle que l'on a produite artificiellement dans un minéral dont on vient de détacher des fragments par la percussion. On considère la cassure sous trois rapports différents : sous celui de la structure intérieure, qu'elle met à nu, et c'est dans ce sens qu'on dit que la cassure est lamelleuse, grenue ou compacte ; sous le rapport de l'éclat des nouvelles surfaces (cassure vitreuse, résineuse, cireuse, etc.) ; sous le rapport de la forme (cassure *conchoïde*, qui présente des surfaces courbes, marquées de stries comme les coquilles; cassure écailleuse, raboteuse, plate, etc.)

De l'aspect extérieur.

La surface naturelle du minéral offre aussi dans son aspect un ensemble de caractères qui déterminent encore mieux que tous ceux dont nous avons parlé jusqu'à présent, le véritable *facies*, ou la physionomie propre du minéral. Ce sont tous les caractères qui tombent immédiatement sous les sens et qui font reconnaître un corps que l'on a eu occasion de voir dès qu'il se représente, parce qu'ils ont laissé dans l'esprit une impression qui se réveille à la nouvelle vue de l'objet. Cette impression est le résultat des sensations diverses que nous font éprouver la forme, la couleur, l'éclat et le degré de transparence du minéral. Les minéraux sont ou complétement transparents, ou translucides, ou opaques. Il est des substances qui sont opaques en grandes masses, et qui deviennent transparentes lorsqu'on les réduit en lames minces, ou qui montrent de la translucidité vers les bords amincis de leurs fragments. L'éclat des surfaces varie beaucoup dans les minéraux: il est ou métallique, ou vitreux, ou résineux, ou nacré, etc. La couleur est propre au minéral ou accidentelle. La couleur propre est celle qui est uniforme et constante dans un corps, parce qu'elle est due à ses propres molécules. La couleur accidentelle est celle qui dépend de la présence de particules colorées étrangères à celles qui constituent l'espèce minérale ; elle n'est ni constante, ni uniformément répandue dans la même masse, et ne s'observe que dans les variétés mélangées de l'espèce. Il existe aussi quelques minéraux qui ont des couleurs changeantes ou irisées, ou qui présentent des reflets mobiles et chatoyants ; ces curieux phénomènes sont le résultat d'une structure ou d'une disposition particulière, tantôt des couches superficielles, tantôt des parties intérieures de la masse.

Caractères physiques.

Les caractères physiques sont ceux qui se manifestent dans un minéral à la suite de quelque action physique, qui n'altère pas sa composition moléculaire. Tels sont les caractères que l'on connaît sous les noms de *pesanteur spécifique*, *dureté*, *réfraction*, et les propriétés électriques et magnétiques.

Les minéraux de nature diverse n'ont pas le même poids à volume égal. On donne le nom de *pesanteurs spécifiques* aux nombres qui expriment combien de fois les différentes substances naturelles pèsent autant que l'eau, en supposant celle-ci réduite au même volume qu'elles. Pour déterminer la pesanteur spécifique d'un corps, il faut peser d'abord le corps, puis un volume d'eau égal au sien, et chercher combien de fois le premier poids contient le second. Pour avoir le poids de l'eau sous un volume égal à celui du corps, il ne faut que peser une seconde fois celui-ci en le tenant plongé dans l'eau, ce qui peut se faire en l'attachant à un fil suspendu au-dessous d'un des bassins de la balance. Dans cette seconde pesée, le corps perdra une partie du poids qu'il avait dans l'air, et cette différence de poids mesurera précisément le poids de l'eau que l'on cherche.

Les corps naturels, en vertu de la cohésion qui réunit les particules, opposent une résistance plus ou moins grande à l'effort qu'on fait pour les rayer avec une pointe vive d'acier, ou avec les parties aiguës d'un autre corps. C'est cette résistance qu'on nomme *dureté* en minéralogie. On dit qu'un minéral est plus dur, ou moins dur qu'un autre, suivant qu'il le raye ou qu'il est rayé par lui. Ainsi le diamant est le plus dur de tous les minéraux, parce qu'il les entame tous, sans être entamé par aucun. La dureté étant une propriété relative, il faut pour l'exprimer prendre des termes de comparaison parmi les substances communes. C'est ainsi qu'on distingue les minéraux qui rayent le calcaire ou le marbre de ceux qui ne le rayent pas, et de même ceux qui rayent ou non le verre, le cristal de roche, etc. Il ne faut pas confondre la dureté ainsi définie avec la ténacité, qui est la résistance au choc. Un minéral très-tenace est celui qui se brise avec difficulté. Il est des substances tenaces qui sont très-tendres, et de dures qui sont très-fragiles. Quand un minéral est doué d'un certain degré de dureté et de ténacité tout à la fois, il jouit de la propriété de donner des étincelles par le choc du briquet, comme la pierre à fusil. Certains corps ont la propriété de se laisser étendre ou aplatir par la pression ou par le choc du marteau ; on dit de ces substances qu'elles sont *ductiles* ou *malléables*.

La *réfraction* est le changement de direction qu'éprouvent les rayons lumineux, lorsque, tombant obliquement sur la surface d'un corps transparent, ils pénètrent dans son intérieur. Tous les minéraux cristallisés et transparents ont la propriété de réfracter la lumière ; mais les uns se bornent à la dévier sans la diviser, et l'on dit qu'ils ont la réfraction simple (ex. : le diamant) ; d'autres manifestent une *double réfraction*, en ce sens que chaque rayon lumineux qui les traverse se partage généralement en deux autres rayons qui suivent des routes différentes, ce que l'on reconnaît à ce que ces doubles rayons donnent deux images de chaque objet que l'on vise au travers du corps. Ce phénomène, très-facile à observer dans le calcaire transparent (dit *spath d'Islande*), se montre avec plus ou moins de difficulté dans toutes les substances cristallisées, hormis celles dont les formes appartiennent au système du cube et de l'octaèdre régulier.

On développe les propriétés électriques dans les minéraux, soit par le frottement, soit par la pression, soit lorsqu'on rend leur température croissante ou décroissante, en les échauffant, ou les faisant refroidir. Ceux qui s'électrisent par la chaleur manifestent les deux sortes d'électricité à la fois, c'est-à-dire qu'il y a toujours deux points opposés appelés *pôles*, et qui jouissent de propriétés contraires. Il est aussi quelques substances, parmi les métalliques, qui possèdent la propriété magnétique, c'est-à-dire qui peuvent agir sur une aiguille aimantée, comme celle d'une boussole, pour la faire mouvoir, en attirant, et quelquefois en repoussant l'une de ses extrémités. Il n'y a guère que le fer et certaines masses minérales qui en contiennent, qui se trouvent dans la nature en état d'agir ainsi d'une manière sensible sur l'aiguille aimantée.

Caractères chimiques.

L'analyse chimique d'un minéral est une opération qui nous apprend si un minéral est formé d'un seul élément ou principe indécomposé, ou de plusieurs éléments. Dans ce dernier cas, qui est le plus ordinaire, elle parvient à séparer ces éléments, et à déterminer la nature et la proportion en poids de chacun d'eux. Ainsi elle nous fait connaître que la pierre calcaire est composée, sur 100 unités quelconques de poids, de 44 d'acide carbonique, et de 56 de chaux ; et elle nous donnerait de même la composition de l'acide carbonique en carbone et oxygène, et celle de la chaux en oxygène et calcium. Le résultat d'une analyse nous révèle donc tout ce qu'il est possible de connaître touchant la composition chimique d'un corps, c'est-à-dire sa composition chimique apparente. L'opération qui consiste à analyser complétement un minéral ne peut être faite que par un chimiste ; mais une fois qu'elle a été faite sur tous les minéraux connus, il suffit au minéralogiste, pour reconnaître une de leurs variétés, d'en faire un simple *essai chimique*, c'est-à-dire d'en prendre une parcelle, et, en la soumettant à l'action de quelques agents appelés *réactifs*, de constater la nature des éléments qui la composent, sans s'occuper de leurs proportions. Il y a deux manières d'examiner chimiquement les minéraux : par la *voie sèche*, à l'aide du feu et de réactifs solides, et par la *voie humide*, en n'employant que des réactifs liquides.

L'examen des minéraux par la voie sèche se fait au moyen du chalumeau, instrument dont se servent les bijoutiers, et qui se compose essentiellement d'un tube métallique, recourbé vers l'une de ses extrémités, où il se termine par une ouverture très-étroite. On souffle dans le tube par l'autre bout, et le courant d'air qui en sort, étant dirigé sur la flamme d'une lampe, l'allonge en forme de dard, dont la pointe possède une chaleur très-intense. Le petit fragment de minéral que l'on veut soumettre à l'action de cette flamme se place à l'extrémité d'une pince en platine, ou sur une feuille mince de même métal, ou enfin sur un charbon dans lequel on a creusé une petite cavité. La flamme du chalumeau opère tantôt la *fusion* du minéral; tantôt son *oxydation*, s'il est combustible, et qu'on ait l'attention de le chauffer avec le contact de l'air, en le plaçant tout à fait à la pointe de la flamme ; tantôt sa *réduction*, ou désoxydation, si c'est un corps oxygéné, et qu'on le chauffe sans le contact de l'air, en le plongeant tout entier dans la partie la plus brillante de la flamme. Dans le cas où le minéral a été fondu, on a pu obtenir un émail, un verre diversement coloré, ou une scorie. L'action du feu opère aussi quelquefois le dégagement de certaines vapeurs, que l'on peut reconnaître à leur odeur ou à leur couleur, ou bien en les recueillant au moyen d'un tube, au travers duquel le minéral a été chauffé. Souvent on mêle à la substance que l'on examine un réactif qui aide à sa décomposition, ou un fondant qui facilite sa fusion et fait prendre au verre une couleur caractéristique. Les réactifs et fondants le plus ordinairement employés sont le borax, la soude (à l'état de carbonate), et le phosphate de soude et d'ammoniaque.

L'examen par la voie humide consiste généralement à mettre le corps en solution dans un liquide (l'eau ou un acide), et à verser dans des portions de cette solution différents réactifs également à l'état liquide, qui en séparent successivement les éléments que l'on cherche, soit en les précipitant au fond du verre sous forme de poudre (*précipité*), soit en les dégageant sous forme de bulles gazeuses, qui traversent la so lution en bouillonnant (*effervescence*). L'odeur, ou la coloration du gaz qui se dégage, la couleur du précipité, ou les caractères qu'il manifeste lorsqu'on le traite de nouveau par les réactifs, donnent les moyens de connaître la nature des principes que l'on a ainsi isolés. Les réactifs que l'on emploie dans cette recherche sont les principaux acides et alcalis de la chimie : l'acide nitrique, l'acide sulfurique, la potasse, l'ammoniaque, etc.

CLASSIFICATION DES MINÉRAUX.

Nous avons dit, page 7, ce qu'il fallait entendre par *espèce* en minéralogie : c'est l'ensemble de toutes les masses qui existent individuellement, et qui ont la même composition moléculaire, ce qui fait qu'elles se ressemblent par les caractères les plus importants, et ne se distinguent que par de simples différences de structure ou de forme, qui constituent les variétés dans chaque espèce. En comparant les espèces entre elles, on voit que plusieurs ont une grande analogie de composition et de caractères, sans que la ressemblance soit complète ; on fait de la réunion de ces espèces semblables une nouvelle association, qui porte le nom de *genre*, et des genres les plus voisins, un groupe appelé *ordre* ou *famille*, qui n'est autre chose qu'un grand genre. Les ordres, groupés ensuite d'après quelques caractères très-généraux, donnent les *classes*, qui sont les divisions les plus élevées du règne minéral. Ainsi tel est le mécanisme de la classification minéralogique, que le règne tout entier se trouve partagé en un petit nombre de classes; que chaque classe se partage à son tour en divisions moins grandes, appelées *ordres* ou *familles*; chaque ordre en groupes moins étendus, appelés *genres*; chaque genre en groupes plus petits, qui sont les *espèces*, et chaque espèce, enfin, en *variétés*. Toutefois, à raison du petit nombre d'espèces que comporte encore le tableau général, et de l'imperfection de nos connaissances relativement à la composition d'un grand nombre d'entre elles, la plupart des minéralogistes se bornent à établir provisoirement entre les classes et les espèces une seule division intermédiaire, à laquelle on peut donner indifféremment le nom d'ordre ou de genre.

L'ensemble des substances inorganiques naturelles peut être partagé d'abord en deux grandes sections, dont l'une comprend les *substances atmosphériques*, répandues à l'état gazeux dans l'atmosphère qui enveloppe le globe terrestre, et l'autre comprend les *substances terrestres* ou les *minéraux* proprement dits, qui sont presque tous solides, quelques-uns liquides, et qui font partie des diverses masses dont le globe est composé. La forme gazeuse des premières les distingue d'une manière fort tranchée des minéraux, en les privant de presque tous les caractères dont ceux-ci sont pourvus. Les unes, qui font partie essentielle de l'atmosphère, fournissent les éléments des êtres organiques qui vivent au milieu d'elles. Les autres, qui n'ont qu'une existence locale et accidentelle, proviennent, au contraire, de la décomposition des corps organiques, ou bien se dégagent de l'intérieur de la terre par les cheminées des volcans. Nous réunissons toutes ces substances pour en former la première classe du règne minéral, sous le nom de classe des substances aériformes ou des *gaz;* mais nous nous bornerons pour ainsi dire à les mentionner, sans entrer dans aucun détail descriptif, parce que la détermination et l'histoire de ces substances sont entièrement du domaine de la chimie.

Nous partageons les substances terrestres ou les minéraux proprement dits en trois autres classes, qui sont: la classe des substances inflammables, ou des *combustibles*, la classe des substances métalliques, ou des *métaux*, et la classe des substances lithoïdes (pierreuses), ou classe des *pierres*. La classe des combustibles comprend toutes les substances inflammables, ou les combustibles non métalliques, tels que le soufre, le charbon, etc. Ces substances n'ont ni l'aspect métalloïde, ni la grande densité, ni les autres propriétés qui caractérisent les substances métalliques. Le genre de combustion qui leur est propre les sépare aussi d'une manière très-marquée des métaux et des pierres. La classe des métaux comprend toutes les substances qui ne renferment ni terres, ni acides, et se composent de métaux proprement dits (*voyez* p. 15), soit libres ou à l'état *natif*, soit alliés entre eux, soit transformés en *minerais* par leur combinaison avec l'oxygène, ou le chlore, le soufre, l'arsenic, etc. Ces substances ont naturellement l'éclat métallique, ou peuvent l'acquérir soit à l'aide du poli, soit par la réduction au moyen du chalumeau. Elles sont généralement très-denses, opaques, et douées d'une couleur propre, qui reste vive après la trituration. La classe des pierres comprend toutes les substances non combustibles et sans brillant métallique, qui pour la plupart sont oxydées et acidifères, c'est-à-dire tous les *acides* et tous les composés auxquels on donne le nom de *sels*. Elles ont ordinairement l'aspect vitreux dans les cristaux, et terreux dans les masses non cristallines. Elles ont de la transparence quand elles sont cristallisées et pures, et n'ont point de couleur propre quand leur acide est formé par un corps simple non métallique et qu'elles sont à base terreuse ou alcaline. Celles qui ont pour base un oxyde de métal proprement dit sont réductibles avec plus ou moins de facilité en globule métallique, par le moyen du chalumeau et des réactifs. Cet exposé des classes de la méthode minéralogique se trouve résumé dans le tableau suivant :

			CLASSES.
RÈGNE MINÉRAL.	I. Substances atmosphériques gazeuses.		1. LES GAZ.
	II. Substances terrestres ou minéraux proprement dits, liquides ou solides.	inflammables.	2. LES COMBUSTIBLES.
		métalliques.	3. LES MÉTAUX.
		lithoïdes.	4. LES PIERRES.

Nous ne dirons rien de la première classe, pour la raison que nous avons donnée plus haut. La seconde classe ne renferme qu'un petit nombre d'espèces, que l'on peut partager en cinq genres : les *charbons fossiles* (diamant, graphite, anthracite, houille) ; les *bitumes* (tels que le naphte, le pétrole, l'asphalte) ; les *résines fossiles* (telles que le succin) ; les *sels organiques* (mellite, guano, etc.) ; les *soufres* (soufre natif, soufre sélénié).

Les troisième et quatrième classes se partagent en *ordres*, d'après la composition chimique; et chaque ordre peut se subdiviser ensuite en un certain nombre de tribus, d'après les systèmes cristallins (tribu des *cubiques*, ou minéraux cristallisant dans le système du cube; tribus des *rhomboédriques*, des *quadratiques*, ou substances cristallisant en prisme carré, des *rhombiques*, des *clinorhombiques*, etc.).

Les principaux ordres de la troisième classe sont : l'ordre des *métaux natifs* (arsenic, antimoine, bismuth, cuivre, argent, or, platine); l'ordre des *arséniures* (arséniure d'argent, arséniure de fer, arséniure de nickel, arséniure de cobalt); l'ordre des *sulfures* (cinabre galène, blende, pyrites, etc.); l'ordre des *chlorures* (chlorure d'argent, etc.); l'ordre des *oxydes métalliques* (oxyde d'étain, oxydes de manganèse, oxydes de fer, etc.).

La quatrième classe se partage en dix-huit ordres, dont les principaux sont : l'ordre des *oxydes* non métalliques (acide borique, silice ou quartz, alumine ou corindon); l'ordre des *chlorures* ou *hydrochlorates* (sel marin, sel ammoniac); l'ordre des *fluorures* (fluorine); l'ordre des *carbonates* (calcaire, dolomie, fer spathique, malachite, azurite); l'ordre des *sulfates* (gypse, barytine, alun); l'ordre des *silicates* (feldspaths, micas, amphiboles, pyroxènes, grenats, émeraude, topaze, tourmaline); l'ordre des *aluminates* (spinelle, etc.); l'ordre des *titanates* (sphène, etc.); l'ordre des *tungstates* (schéelite, wolfram); l'ordre des *chromates* (plomb rouge, etc.).

DE L'ORIGINE ET DU GISEMENT DES MASSES MINÉRALES.

Les diverses masses minérales qui composent la partie extérieure et visible du globe terrestre diffèrent beaucoup sous le rapport du mode et de l'époque de leur formation, et sous celui de leur manière d'être et de leur abondance relative. Il en est qui ont été formées aux époques les plus anciennes auxquelles on peut remonter dans l'histoire de la terre; d'autres l'ont été depuis, à des époques successives, soit avec des matériaux nouveaux amenés de l'intérieur, c'est-à-dire venant de points situés au-dessous des masses primitivement formées, soit avec les éléments ou les débris d'une partie de ces masses décomposées ou désagrégées postérieurement à leur formation; il en est enfin qui se produisent encore sous nos yeux, pendant que d'autres se détruisent et disparaissent, et sans doute il n'y aura point de terme à cette série de formations et de destructions successives.

Il existe entre les minéraux et les êtres organiques des différences notables sous le rapport de l'origine, de l'accroissement, des conditions et de la durée de l'existence. On sait comment naissent, croissent et meurent les animaux et les plantes. Un minéral ne naît pas à proprement parler, il se forme par la juxtaposition de molécules qu'une attraction réciproque tient réunies, et qui sont elles-mêmes des réunions d'atomes que d'autres attractions ont déterminées. Il ne se développe point et n'éprouve point de changement dans son intérieur; mais il peut augmenter de volume par la superposition de nouvelles molécules à celles qui composent sa surface. Une fois formé, il peut durer éternellement, si les circonstances extérieures au milieu desquelles il a été produit restent les mêmes. Mais si ces circonstances viennent à changer, et cessent de favoriser l'état stable de ses molécules; si des actions mécaniques tendent à les disperser, ou si le corps éprouve tout à coup le contact de matières grasses ou liquides qui agissent chimiquement sur lui, alors il se détruit, c'est-à-dire que ses molécules se dispersent ou se décomposent pour aller former ailleurs d'autres minéraux, et cette destruction se fait successivement de l'extérieur à l'intérieur, c'est-à-dire en sens inverse de l'accroissement. C'est là ce qui a lieu pour beaucoup de masses minérales situées à la surface de la terre, ou formant les parois des cavités souterraines ; car, par cette position même, elles donnent facilement prise à l'action des eaux et des agents atmosphériques. C'est encore le cas de certaines masses non isolées, mais perméables, c'est-à-dire qui se laissent plus ou moins aisément traverser par les fluides. Mais, pour les masses enfouies profondément et qui sont imperméables, les mêmes causes de destruction n'existant plus, elles persistent dans le même état depuis leur formation, sans altération comme aussi sans accroissement. Ce serait donc une erreur grossière, et cette erreur a existé chez les anciens minéralogistes, de croire que les pierres végètent à la manière des plantes, que les métaux mûrissent dans la mine et y renaissent à mesure qu'on les en extrait. Un minéral ne naît point, et ne saurait croître comme un végétal : une fois formé, il ne change plus jusqu'au moment où des actions extérieures viennent le détruire.

Les diverses substances minérales ne sont pas également répandues à la surface et dans l'intérieur du globe. Les unes sont très-rares et ne se trouvent jamais qu'en petites masses (c'est le plus grand nombre) ; d'autres, au contraire, s'offrent toujours en grand, et composent, seules ou associées entre elles, ces grandes masses auxquelles on donne le nom de *roches*. Les unes ont été formées par voie de refroidissement, après la sortie de leurs matériaux de l'intérieur de la terre à l'état de fusion ignée ou de vapeurs; d'autres l'ont été par voie de dissolution aqueuse et de précipitation chimique; d'autres par voie de dépôt mécanique ou de sédiment sous les eaux, qui tenaient en suspension leurs parties plus ou moins grossières; enfin, il en est qui proviennent des décompositions chimiques de substances préexistantes.

La partie du globe terrestre sur laquelle ont pu s'étendre les recherches des naturalistes n'en forme qu'une très-mince écorce dont l'épaisseur n'est pas la millième partie du rayon de la terre. Les observations que l'on a faites, dans tous les pays, sur les escarpements naturels des montagnes ou dans les excavations artificielles des mines et des carrières, nous ont appris que cette enveloppe superficielle du globe est composée d'un grand nombre de masses de diverse nature, les unes régulières, en forme de bancs ou de couches qui se recouvrent l'une l'autre, et qui, dans les divers lieux où on les retrouve, gardent entre elles un ordre fixe de superposition; les autres plus ou moins irrégulières, placées au-dessous des terrains à couches ou s'intercalant entre eux comme des coins, et quelquefois s'élevant au-dessus de leur niveau sous forme de colonnes, de pics, de dômes, etc. Cet ensemble de couches et de masses de diverses formes, superposées ou enchevêtrées, est le résultat d'une succession de dépôts qui se sont opérés par des voies différentes et à des époques plus ou moins éloignées. Les causes qui ont donné naissance à ces masses minérales peuvent être facilement reconnues ; car elles existent encore pour la plupart, et continuent d'agir sous nos yeux, mais avec moins de puissance qu'autrefois.

En effet, le plus grand nombre des masses minérales qui affectent la forme de couches ont été évidemment formées par l'action des eaux superficielles. Ce sont des dépôts de sédiment, c'est-à-dire que leurs matériaux, réduits à l'état de parties plus ou moins grossières et tenues en suspension dans les eaux des rivières, des lacs et des mers, ont fini par se déposer sur leur fond, par un simple effet de la pesanteur, avec les débris calcaires des coquillages que les eaux nourrissaient, comme cela a encore lieu de nos jours. L'action des agents atmosphériques sur les roches des hautes montagnes tend sans cesse à les décomposer ou désagréger ; des éboulements continuels remplissent les vallées de débris, lesquels, entraînés par les eaux courantes, vont au loin s'accumuler dans les parties basses des continents, et former des amas immenses de galets, de sable et de limon. On est porté à attribuer la même origine à ces nombreuses couches composées de cailloux roulés, de grès, de sable et d'argile que l'on trouve intercalées presque partout, et à des profondeurs plus ou moins grandes, au milieu des sédiments dont nous venons de parler.

Il arrive aussi de temps en temps que les matières situées au-dessous de la croûte minérale du globe sont soulevées par les forces souterraines qui produisent les tremblements de terre et les volcans, qu'elles ébranlent, relèvent à leur tour, et souvent parviennent à rompre les couches solides supérieures qui s'opposent à leur passage, et qu'elles finissent par faire éruption au dehors, tantôt sous forme de masses plus ou moins solides qui donnent naissance à des îles ou à des montagnes nouvelles, tantôt comme des jets de matières en fusion qui s'épanchent à la surface du sol sous forme de larges nappes ou de bandes étroites (coulées de laves), et dont les éléments, d'abord confondus, se séparent et cristallisent souvent pendant le refroidissement de la masse. Un grand nombre de masses minérales anciennes (les trachytes, les basaltes, les porphyres, etc.) paraissent avoir été formées ainsi par des causes plus ou moins analogues.

Nous voyons encore les eaux de certaines sources et de certains lacs abandonner sur leur fond une partie des molécules qu'elles tiennent en dissolution, y produire des dépôts cristallins ou des concrétions compactes, et par l'accumulation de ces dépôts, des couches pierreuses de différente nature. Et c'est aussi par voie de dissolution et de précipitation qu'ont été formées un certain nombre de masses minérales, parmi celles surtout qui sont plus ou moins solubles dans l'eau. Quant aux substances qui ne s'offrent qu'en petits amas, ou disséminées par petites parties au milieu des grandes masses, il est probable, pour la plupart, qu'elles ont été produites, comme d'autres qui se forment encore actuellement, par les dépôts ou les décompositions qu'opèrent les gaz et les eaux minérales qui sortent de l'intérieur de la terre.

Il y a deux principales manières d'être des minéraux dans la nature : les uns s'offrent en grandes masses, les autres sont disséminés au milieu de ces dernières en petites parties. Parmi les grandes masses, il en est d'irrégulières dont la forme n'est pas susceptible de définition;

d'autres se présentent en montagnes ou rochers isolés dont la forme rappelle celle de dômes, de cônes, de colonnes, etc. Il en est enfin que l'on désigne par les dénominations spéciales de couches, d'amas, de filons, etc.

On entend en général par *couche* en minéralogie une masse minérale très-étendue en longueur et en largeur, mais bornée dans le sens de son épaisseur par deux grandes faces sensiblement parallèles. Les couches sont tantôt horizontales, tantôt inclinées plus ou moins, et quelquefois même presque verticales. Quelquefois elles sont contournées ou repliées sur elles-mêmes en zigzag (fig. 27); elles peuvent offrir ainsi des ondulations et des courbures en sens divers, et c'est ce qui a lieu fréquemment dans les terrains qui, postérieurement au dépôt de leurs couches et avant leur entière consolidation, ont été dérangés et tourmentés par de violentes commotions souterraines. Lorsque toutes les masses minérales dont se compose un terrain sont disposées par couches placées les unes sur les autres, on donne à cette disposition des parties du terrain le nom de *stratification*, et l'on dit du terrain lui-même

Fig. 27.

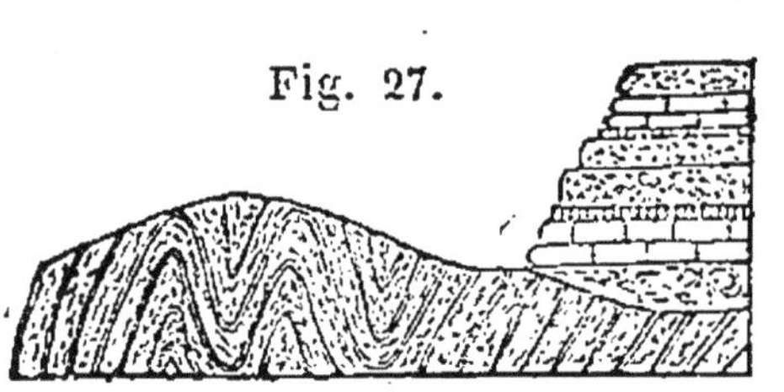

qu'il est *stratifié*. Quand des couches sont superposées de manière à conserver un parallélisme exact entre elles, on dit que les couches sont en stratification concordante ; lorsque, au contraire, la direction de deux systèmes de couches qui sont en contact l'un avec l'autre est différente, ou que leurs plans de séparation ne se correspondent pas, on dit que ces deux systèmes sont en stratification discordante.

Les *amas* sont des masses minérales de forme irrégulière qui sont circonscrites et enveloppées de toutes parts par des roches de nature différente. Ils sont ordinairement de forme ovale ou lenticulaire (fig. 28). Les *rognons* ou *nodules* sont des amas très-petits, que l'on trouve disséminés au milieu des grandes masses. Les *filons* sont des masses minérales en forme de grandes plaques ou de coins très-aplatis, qui coupent transversalement les couches des terrains qui les renferment, et dont la matière composante diffère plus ou moins de celle qui constitue la roche environnante (fig. 29). On peut les considérer comme pro-

Fig. 28.

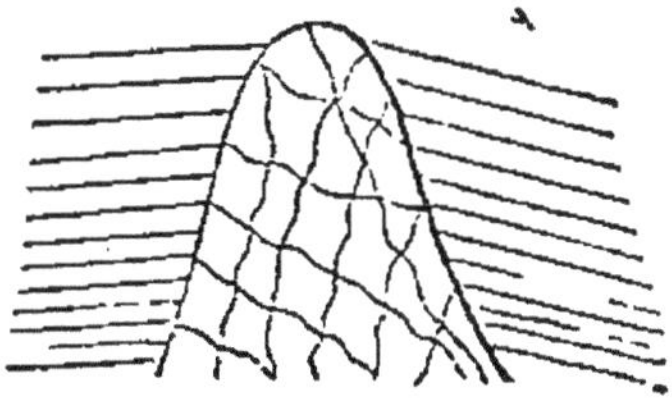

Fig. 29.

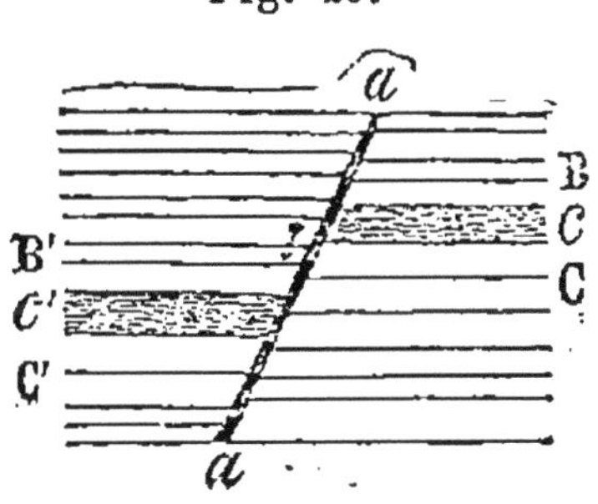

venant de fentes ou de grandes lézardes qui se sont produites à travers les assises de ces terrains, pendant ou après leur formation, à la suite de quelques commotions qui auront dérangé leur assiette, lesquelles fentes auront été postérieurement remplies, en tout ou en partie, de matières pierreuses ou métalliques. La composition des filons est, en général, très-variée. Ceux que l'on exploite pour en extraire des *minerais*, c'est-à-dire des masses minérales renfermant des matières précieuses, comme des métaux, par exemple, sont communément des agrégats irréguliers de substances pierreuses ou métalliques. Dans ce cas, on distingue dans le filon la matière stérile, de nature pierreuse, et la matière utile ou métallifère. La partie pierreuse du filon est appelée souvent la *gangue* du minerai. Les filons sont rarement remplis en totalité ; ils offrent dans leur épaisseur des cavités dont les parois sont tapissées de cristaux réunis en druses. Il est encore une autre espèce de filons remarquables par leur nature, leur forme et leur puissance : ce sont les *dykes*, qui se présentent comme de grands murs s'élevant au milieu de roches de nature différente, dont ils dépassent souvent le niveau. Ces dykes sont ordinairement composés d'une roche pierreuse uniforme, telle que le basalte ou le porphyre. Leur épaisseur paraît augmenter à mesure qu'ils s'enfoncent, et l'on ne connaît pas de limite à leur profondeur.

Les substances minérales qui font partie des grandes masses minérales sont en très-petit nombre. Toutes les autres espèces du règne minéral ne se montrent qu'accidentellement et presque toujours en faible quantité au milieu d'elles. Tantôt on les rencontre dans les roches sous forme de *feuillets* ou de *veines* qui sont en petit ce que les couches et les filons nous ont offert en grand. Tantôt on les trouve sous forme de très-petits amas renfermés dans l'épaisseur des grandes masses, et qui reçoivent les dénominations particulières de *nids*, de *rognons* ou *nodules*, de *noyaux*, ou d'*amandes*. Enfin le plus grand nombre des substances qui se présentent en parties isolées, sont *disséminées* en cristaux et en grains dans l'intérieur des grandes masses, ou bien *implantées* sur les parois des filons, des géodes et autres cavités souterraines.

DES TERRAINS, ET DE LEURS ROCHES PRINCIPALES.

Le nombre de couches et autres dépôts de substances minérales qui, par leur superposition et juxtaposition, forment les différentes parties de l'écorce du globe, est assez considérable; mais ces dépôts peuvent être partagés en un certain nombre de groupes, dont chacun comprend une quantité plus ou moins grande de couches qui sont naturellement associées entre elles, c'est-à-dire qui existent ou qui manquent presque toujours simultanément dans le même lieu. Ces associations naturelles de couches, auxquelles se lient d'autres masses non stratifiées, ont reçu le nom de *terrains*. Il y a toujours dans un terrain une ou plusieurs roches principales qui en forment la partie essentielle ou dominante, et qui servent à le caractériser et à le dénommer. Ces terrains ne sont pas irrégulièrement répandus dans l'intérieur du globe; ils sont toujours placés les uns au-dessus des autres, dans un ordre fixe que l'observation a fait connaître, et qui n'est autre que celui de leur formation successive. Les terrains ont été divisés, suivant leur ordre d'ancienneté, en terrains *primitifs*, terrains *intermédiaires*, terrains *secondaires*, terrains *tertiaires*, et terrains *alluviens*.

L'écorce minérale se divise donc en terrains dont chacun comprend un certain nombre de couches et autres grandes masses minérales; ces masses minérales sont composées de roches, qui le sont à leur tour de minéraux simples. Le nombre des substances minérales qui, soit séparément, soit mêlées entre elles, forment les roches connues, est très-petit; celles qui dominent dans les roches des terrains primitifs sont le quartz, le feldspath, le mica et le talc. Le quartz est un minéral infusible au feu du chalumeau, et plus dur que le verre et l'acier; il est tantôt cristallin et vitreux dans sa cassure (quartz hyalin), tantôt compacte, opaque ou translucide comme une matière gélatineuse (silex); c'est lui qui forme la partie essentielle des grès et sables, si abondamment répandus dans les terrains secondaires et tertiaires. Le feldspath est le plus ordinairement lamelleux, clivable dans deux directions perpendiculaires, translucide ou opaque, d'une teinte blanche ou rosée; il est presque aussi dur que le quartz, mais s'en distingue aisément, en ce qu'il fond au chalumeau en émail blanc. Le mica se présente toujours en masse laminaire, en feuillets minces ou en paillettes, divisibles dans un seul sens en lamelles d'une ténuité extrême, qui sont remarquables par leur éclat vif et souvent métalloïde, par leur flexibilité et leur élasticité. Le talc se rapproche beaucoup du mica par ses caractères extérieurs, mais ses feuillets sont mous et non élastiques; il est d'ailleurs beaucoup plus tendre, et sa poussière est onctueuse au toucher. Les roches des terrains secondaires et tertiaires sont composées principalement de silex, dont nous avons déjà parlé, de calcaire et de matières argileuses. Le calcaire ou carbonate de chaux se distingue aisément de tous les autres minéraux par la faculté qu'il a de se dissoudre avec effervescence dans les acides, de se réduire en chaux vive par la calcination, et de se laisser rayer profondément par une pointe de fer. Les argiles sont des mélanges terreux composés principalement d'alumine, de silice et d'eau, solides, tendres et doux au toucher, faisant plus ou moins pâte avec l'eau, prenant du retrait et de la dureté par la cuisson, et tout à fait infusibles au feu, quand ils ne renferment ni chaux ni oxyde de fer. Nous reviendrons dans un autre lieu avec plus de détail sur les caractères de ces minéraux, si importants par leurs usages dans les arts et par le rôle qu'ils jouent dans la nature.

Terrains primitifs.

Les terrains primitifs sont formés de masses de granit et de couches de diverses roches cristallines à structure schisteuse (gneiss, micaschiste, schistes talqueux et argileux), qui ne contiennent ni débris organiques, ni fragments de roches plus anciennes, ni dépôts de cailloux roulés. On a cru pouvoir conclure de là qu'ils ont été formés avant l'existence des êtres organisés, et avant toutes les catastrophes qui ont ravagé la terre, et dont les autres terrains offrent des témoignages si nombreux ; et c'est pour cette raison qu'on les a nommés *terrains primitifs*. Le *granit* est une roche à structure grenue, composée de grains de feldspath, de quartz et de mica, immédiatement agrégés entre eux. C'est une roche très-dure, qui prend assez bien le poli, mais se travaille difficilement : on en fait des colonnes, des obélisques, des dalles, des bordures de trottoir, etc. Il y a entre les granits de pays différents une grande diversité d'aspect, qui tient à la couleur particulière de la substance dominante, et à la grosseur des grains. On distingue des granits à gros grains et des granits à grains fins, des granits rouges, roses, gris, etc. On trouve souvent en relation avec les granits d'autres roches dures appelées *porphyres*, et qui sont composées d'une pâte colorée, fusible, qui n'est en grande partie que du feldspath compacte, et de cristaux de feldspath blanchâtre disséminés au milieu de cette pâte. Le *gneiss* est une roche formée des mêmes éléments que le granit, et qui ne s'en distingue que par sa structure schisteuse. Le *micaschiste* ou schiste micacé est une autre roche schisteuse, composée essentiellement de mica et de quartz. Le *schiste talqueux* n'en diffère que par la substitution du talc au mica. Lorsque dans ces dernières roches schisteuses les éléments ne sont plus visibles, que les lamelles de mica et de talc sont tellement atténuées et confondues entre elles qu'il en résulte une roche homogène en apparence, à structure terreuse et feuilletée, qui ressemble assez par son aspect aux matières argileuses, on lui donne le nom de *schiste argileux :* elle diffère des véritables argiles en ce qu'elle n'est pas susceptible de se délayer dans l'eau. Elle a la propriété de se déliter dans un sens en feuillets plus ou moins minces ; et lorsque ces feuillets sont solides, droits et sonores, on les emploie dans l'architecture sous le nom d'*ardoises*.

Terrains intermédiaires.

Les terrains intermédiaires, que l'on trouve toujours au-dessus des terrains primitifs, ou adossés contre eux, lorsque les couches de ceux-ci sont inclinées à l'horizon, se composent de roches granitoïdes ou porphyroïdes, de schistes argileux, et de calcaires de sédiment (marbres veinés) alternant avec des grès ou roches formées de fragments que l'on reconnaît pour avoir appartenu à toutes les roches du groupe primitif. On y trouve aussi des débris organiques, qui se rapportent en général aux êtres les plus simples des deux règnes. Il est évident que ces terrains sont postérieurs à certaines catastrophes qui ont dégradé les premiers, et qu'ils n'ont pu se former qu'après l'apparition de certains êtres organisés sur la surface de la terre. On y rencontre, entre autres animaux dont les races n'existent plus, des trilobites, fossiles qui sont des espèces de crustacés. On y voit en outre de nombreux dépôts charbonneux d'anthracite, que l'on regarde comme les vestiges de la première végétation qui a couvert la surface du globe. Ces terrains ont été nommés intermédiaires, ou de transition, parce qu'à raison de leur composition ils forment comme le passage des terrains primitifs aux terrains secondaires.

Terrains secondaires.

Les terrains secondaires sont essentiellement composés de formations marines de sédiment; ils se composent de roches calcaires remplies de débris organiques, et de roches arénacées ou de matières de transport (grès, sables, argiles) alternant avec les premières, de telle sorte que dans les terrains inférieurs les matières arénacées dominent, et dans les supérieurs les matières calcaires. Ces terrains s'étendent depuis ceux qui renferment la houille et le charbon de terre jusqu'à la craie. Inférieurement sont les terrains qu'on nomme carbonifères, parce qu'ils sont riches en matière charbonneuse : des grès rouges, des calcaires noirs ou gris de fumée, des grès houillers contenant des couches alternatives de houille et d'argile schisteuse, à empreintes de feuilles de fougère; dans la partie moyenne se trouvent de puissants dépôts de grès et de marnes bigarrés, riches en amas de sel et de gypse; dans la partie supérieure sont les grandes masses calcaires connues sous les noms de calcaire oolithique et de craie. On trouve en abondance dans ces terrains des débris-fossiles remarquables qui ont appartenu à des animaux marins dont la race est depuis longtemps éteinte, des ammonites, des bélemnites, et des squelettes de reptiles gigantesques de l'ordre des sauriens (les ichthyosaures, plésiosaures, mégalosaures, etc). Il est extrêmement rare qu'on y trouve des débris d'oiseaux et de mammifères.

Terrains tertiaires.

Les terrains tertiaires sont caractérisés, au contraire, par l'abondance des débris de mammifères qu'ils contiennent, par l'analogie beaucoup plus grande des coquilles qui y sont enfouies avec les espèces actuellement vivantes, et par l'alternance fréquente des dépôts marins avec ceux qui proviennent des lacs et des rivières. Ce sont en général des dépôts littoraux, ou qui ont eu lieu dans des bassins circonscrits; ils occupent les parties basses des continents, et reposent en stratification discordante sur les terrains secondaires. Dans les pays de plaines, leurs couches sont sensiblement horizontales, et se correspondent exactement sur les plateaux que séparent les vallées. Leurs roches ont beaucoup moins de consistance que celles des terrains plus anciens; ce sont des argiles et des sables, des calcaires grossiers, des marnes et des gypses, des grès et des meulières.

Terrains alluviens.

Les terrains alluviens, qui terminent la série des terrains de sédiment, ont été ainsi nommés à cause de la ressemblance de leurs roches avec les dépôts qu'on nomme *alluvions*, et qui se forment encore sous nos yeux. Ils se composent de couches de gravier, de sable, de limon, renfermant des cailloux roulés, des blocs de roches épars, et de nombreux débris organiques. Dans les plus anciens de ces terrains on trouve des ossements de grands animaux qui ont appartenu à des espèces analogues à celles qui vivent encore aujourd'hui, mais dans des lieux très-éloignés de ceux où se trouvent ces ossements : ce sont des os d'éléphant, de rhinocéros, d'hippopotame, de tigre, etc. Dans les terrains les plus récents, qui ont été formés postérieurement à la dernière révolution que la surface du globe a éprouvée, on trouve des fossiles qui ont appartenu à des espèces analogues à celles qui existent encore dans la contrée, tels que des os d'animaux domestiques, et des débris de l'espèce humaine associés aux objets de son industrie.

Terrains plutoniques.

Outre les terrains dont nous venons de donner une énumération succincte, qui sont régulièrement stratifiés et ont un ordre invariable de superposition, on distingue encore une autre classe de terrains, produits par des causes toutes différentes. Ce sont des terrains qu'on appelle *ignés* ou *plutoniques*, qui se présentent en massifs de forme irrégulière, sans stratification, composés le plus souvent de roches à structure cristalline ou vitreuse, qui ne renferment ni cailloux roulés, ni débris organiques. La matière de ces roches paraît être venue de dessous les terrains stratifiés, d'où elle a été soulevée à diverses époques, soit en masse presque solide, soit demi-fondue ou à l'état de fusion ignée ; et elle s'est intercalée entre les couches des terrains stratifiés, ou s'est épanchée à leur surface, en sortant tantôt par de grandes fentes, tantôt par des cheminées de volcan, espèces de canaux terminés par des ouvertures circulaires en forme de cratère. Cette classe de terrains, dans laquelle on doit peut-être comprendre le granit, renferme les roches appelées *porphyres*, *trachytes*, *basaltes*, et les *laves* des volcans anciens et modernes. Les porphyres, dont nous avons indiqué ci-dessus la composition, et qui sont fréquemment en relation de voisinage et même de contact avec les granits et avec les grès rouges, paraissent avoir été soulevés après l'époque des terrains primitifs, jusqu'à celle des terrains secondaires moyens. Les trachytes appartiennent à la période des terrains tertiaires ; ce sont des roches composées d'une pâte terreuse de feldspath blanchâtre ou gris cendré, cellulaire et âpre au toucher, enveloppant fréquemment des cristaux amincis et fendillés de feldspath vitreux. Ils passent souvent, d'une part, à des masses vitreuses, transparentes, et comme enfumées, qu'on nomme *obsidiennes* ou verres volcaniques, et d'une autre part, à la pierre poreuse appelée *ponce*. Ils ont été produits tantôt en larges nappes alternant avec des assises composées de fragments incohérents (conglomérats et tufs), tantôt sous la forme de cônes ou de dômes. Les basaltes sont des roches à structure granulaire ou compacte, composées de feldspath et d'un minéral vert noirâtre appelé *pyroxène;* leur couleur est le gris de fer tirant sur le noir; ils sont durs et très-tenaces. Ils se présentent sous la forme de montagnes coniques, de plateaux ou de grandes nappes, qui se divisent le plus souvent d'une manière régulière en prismes volumineux par des fissures planes (fig. 26, p. 43); on les rencontre aussi sous la forme de dykes ou de filons puissants. Les laves ne sont autre chose que la matière première des trachytes ou des basaltes à un état de fusion plus parfaite. Ce sont des roches le plus souvent poreuses et scoriacées, qui sont sorties d'une bouche ignivome ou d'un cratère volcanique, sous la forme de coulées, en se répandant par bandes étroites sur les flancs de la montagne conique au sommet de laquelle ce cratère est toujours placé.

DESCRIPTION DES ESPÈCES LES PLUS IMPORTANTES DU RÈGNE MINÉRAL.

Les espèces minérales sur la nature desquelles il importe le plus d'avoir quelques notions précises, peuvent être partagées en plusieurs séries, de la manière suivante. Nous mettons en première ligne le petit nombre de celles qui forment les grandes masses minérales : elles méritent une attention toute particulière, puisqu'elles jouent le principal rôle dans la structure du globe, et qu'à raison de leur abondance, on est exposé à les rencontrer à chaque pas dans la nature. Une seconde division comprendra les substances pierreuses, qui sont disséminées en petit au milieu des grandes masses formées par les premières : c'est à cette série qu'appartiennent presque toutes les pierres précieuses de la joaillerie. Dans une troisième série nous réunirons tous les métaux usuels et leurs principaux minerais ; et dans une quatrième, enfin, nous rangerons les substances dites inflammables ou les combustibles proprement dits.

I. DES SUBSTANCES PIERREUSES

QUI FORMENT LES GRANDES MASSES MINÉRALES.

Quartz.

Le *quartz* est l'une des espèces minérales les

plus remarquables par leur abondance dans la nature, et par les usages multipliés auxquels se prêtent leurs nombreuses variétés. On le rencontre partout à la surface et dans l'intérieur de la terre, à quelque profondeur que l'on descende. On le trouve dans les terrains de tous les âges et de tous les modes de formation, et dans toutes les circonstances possibles de gisement. Il se reconnaît à deux caractères faciles à vérifier : la dureté et l'infusibilité. Le quartz raye le verre et l'acier, c'est-à-dire qu'il est plus dur que ces deux corps ; aussi donne-t-il des étincelles par le choc du briquet. Il est infusible au feu du chalumeau, lorsqu'on le chauffe seul, ce qui le distingue du feldspath, avec lequel certaines variétés de quartz pourraient être confondues d'après leur aspect. Il est formé de silice pure. On a subdivisé l'espèce en quatre sous-espèces ou variétés principales, qui sont le *quartz hyalin* ou quartz proprement dit, l'*agate*, le *jaspe* et l'*opale*.

1re SOUS-ESPÈCE. *Quartz hyalin.* Il a toujours une structure cristalline, une cassure vitreuse, et quand il est transparent et en masse informe, il ressemble parfaitement à du verre. Lorsqu'il est cristallisé régulièrement, sa forme ordinaire est celle de la double pyramide dodécaèdre (fig. 31) ou du prisme pyramidé (fig. 30). Lorsqu'il est transparent, il prend le nom particulier de *cristal de roche*. Le cristal de roche,

Fig. 30.

Fig. 31.

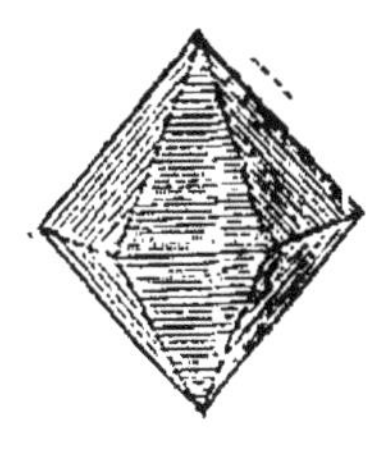

lorsqu'il est pur, est parfaitement limpide et incolore ; mais il est souvent coloré par des matières étrangères, qui se mélangent chimiquement avec lui en très-petite quantité, et il prend alors les noms particuliers d'*améthyste*, lorsqu'il est violet ; de *fausse topaze*, lorsqu'il est jaune : de *rubis de Bohême*, lorsqu'il est rose ; de *cristal enfumé*, lorsque sa teinte est brune et comme fuligineuse. C'est toujours en cristaux implantés dans les cavités des roches que se trouvent les variétés de quartz dont nous venons de parler. Il en est d'autres que l'on trouve disséminées au milieu des matières terreuses, dont quelques portions se sont mélangées mécaniquement avec elles, au point de les rendre opaques, mais sans altérer leur forme en aucune manière : telles sont les variétés *hématoïde* (d'un rouge de sang) et *rubigineuse* (d'un jaune de rouille), qui sont disséminées sous la forme de petits cristaux à deux pointes, la première dans une argile rougeâtre, la seconde dans une ocre jaune (fer hydroxydé terreux).

Ce que l'on nomme *œil de chat* n'est autre chose qu'un quartz pénétré de filaments d'un autre minéral pierreux (l'amiante), et qui présente, lorsqu'il est arrondi par la taille, des reflets nacrés, blanchâtres, lesquels semblent flotter dans l'intérieur de la pierre à mesure qu'on la fait mouvoir. Il est encore quelques variétés produites par des reflets particuliers de lumière, entre autres le *girasol*, qui présente un fond laiteux d'où s'échappent des reflets bleus et rouges lorsqu'on fait tourner la pierre au soleil, et l'*aventurine*, qui est un quartz brun, à structure grenue, dont le fond est parsemé d'une multitude de points brillants.

Les variétés précédentes ne forment point de grandes masses minérales ; on ne les rencontre qu'accidentellement dans la nature, et elles sont recherchées pour être mises en œuvre dans la bijouterie. Les variétés de quartz hyalin, qui composent à elles seules des roches, se bornent aux deux suivantes : le *quartz grenu* ou quartzite, à gros ou à petits grains, pur ou mêlé de parcelles de mica qui lui donnent une structure schisteuse, et le *quartz arénacé* (vulgairement *sable siliceux*), composé de petits grains libres ou agrégés plus ou moins fortement entre eux, et donnant naissance aux sables ou grès quartzeux. Cette dernière variété forme des dépôts considérables que l'on trouve à presque tous les étages de la série des couches minérales, depuis les plus anciens terrains de transport jusqu'aux dernières alluvions de nos continents. C'est le quartz arénacé qui forme le sable mouvant des bords de la mer, de nos plaines arides appelées *landes*, des steppes de l'Europe septentrionale et de l'Asie, et des immenses déserts de l'Afrique. On se sert du sable quartzeux pour la fabrication du verre, en le fondant avec un alcali, et pour faire des mortiers ou ciments, en le mêlant avec de la chaux éteinte. On fait avec le grès quartzeux des pierres de taille, des pavés, des meules pour aiguiser des instruments tranchants. Quelques variétés sont assez poreuses pour qu'étant sciées en plaques de peu d'épaisseur, elles puissent être employées à filtrer les eaux.

Le quartz hyalin ne forme pas seulement des roches distinctes à lui seul, il entre aussi comme base ou comme partie constituante dans un grand nombre de roches composées, où il est presque toujours disséminé sous la forme de grains (exemple, le granit).

2° SOUS-ESPÈCE. *Agate.* On réunit sous ce nom

toutes les variétés de quartz qui sont demi-transparentes, compactes, et qui n'ont pas la cassure vitreuse, mais une cassure terne, écailleuse, ou conchoïdale. Ces pierres sont un peu moins dures que le cristal de roche, mais elles font encore feu avec le briquet ; elles ne se présentent jamais sous des formes régulières, mais presque toujours sous des formes nodulaires, en rognons isolés, en stalactites, en masses irrégulières et mamelonnées. La série de leurs variétés peut se partager en deux sections : 1° les *agates fines* ou les *calcédoines*, qui ont une cassure semblable à celle de la cire, une transparence nébuleuse, et des couleurs vives et variées : telles sont la calcédoine bleuâtre, ou calcédoine proprement dite des lapidaires ; la calcédoine rouge (ou la cornaline) ; la calcédoine jaune orangé (ou la sardoine) ; la calcédoine vert pomme (ou la chrysoprase) ; la calcédoine vert obscur, ponctuée de rouge (ou l'héliotrope) ; la calcédoine blanche et opaque (ou le cacholong). Les agates fines sont susceptibles de recevoir un poli assez vif ; on les emploie dans la bijouterie et dans l'art de la gravure sur pierre. Ces agates sont souvent composées de couches de différentes couleurs : lorsqu'elles sont taillées de manière à offrir une série de bandes droites, à bords nettement tranchés, on leur donne le nom d'*agates rubannées* ;

quand les bandes sont curvilignes et concentriques, ce sont des *agates onyx* (fig. 25, p. 40). Quelques-unes montrent dans leur intérieur des dessins noirs ou rouges, qui présentent de petits arbrisseaux dépourvus de feuilles; ce sont les *agates arborisées* ou dendritiques. 2° Les *agates grossières* ou les *silex*, qui sont moins translucides que les calcédoines, et dont la cassure est terne, ordinairement conchoïdale ou plate. Leurs couleurs sont moins vives, et le poli qu'elles reçoivent n'a jamais l'éclat de celui des calcédoines. Les principales variétés de silex sont : le *silex pyromaque* (ou la pierre à fusil), à cassure conchoïdale et légèrement luisante, divisible en fragments à bords tranchants, qui, frappés par l'acier, en font jaillir de vives étincelles. Il est communément noir grisâtre ou de couleur blonde. On le trouve en rognons de diverses grosseurs, placés les uns à côté des autres, et formant des espèces de cordons ou de lits interrompus au milieu de la craie. — Le *silex corné* (ou la pierre de corne infusible), opaque, à cassure presque plate, ayant un éclat semblable à celui de la corne. On le trouve pareillement en rognons dans les calcaires compactes de différents âges. — Le *silex molaire* (ou la pierre meulière), à cassure plate, à texture cellulaire, criblée de cavités irrégulières que remplit en partie une argile rougeâtre. Il appartient aux couches des dernières formations et les plus superficielles. On l'observe principalement aux environs de Paris, en bancs non continus, ou en blocs de grosseur variée, au milieu d'un dépôt argileux qui couronne presque tous les plateaux élevés. On l'emploie, lorsqu'on peut le débiter en gros blocs cylindriques, pour faire des meules de moulin, et, lorsqu'on ne l'obtient que sous forme de fragments irréguliers, il sert pour la maçonnerie en moellons.

3e SOUS-ESPÈCE. *Jaspe.* Ce sont toutes les variétés de calcédoine et de silex qui, par suite d'un mélange mécanique très-intime avec diverses matières terreuses colorantes, sont devenues tout à fait opaques, ont une pâte fine avec une cassure terne, et des couleurs plus ou moins vives, souvent variées dans le même échantillon comme elles le sont dans les agates. Elles sont susceptibles de poli, et on en fait différents objets d'ornement. On trouve du jaspe en amas ou couches de peu d'épaisseur, principalement dans les terrains d'ancienne formation.

4e SOUS-ESPÈCE. *Opale.* Cette sous-espèce comprend toutes les variétés de silex qui renferment une certaine quantité d'eau, dont l'éclat est résineux, et qui sont fragiles au point de ne pouvoir faire feu sous le briquet, comme les autres quartz. On les appelle aussi *silex résinites* à cause de leur éclat. Leur manière d'être ordinaire est de se présenter en stalactites ou en rognons, au milieu de roches d'aspect argileux, celles surtout qui proviennent des débris du terrain trachytique remaniés par les eaux. Parmi les variétés d'opale, on distingue l'*opale irisée*, à laquelle se rapporte spécialement ce nom d'opale dans le langage des lapidaires. Elle se distingue par de beaux reflets d'iris, qui offrent les teintes les plus vives et les plus variées ; l'*opale de feu*, dont le fond est d'un jaune de miel et les reflets d'un rouge de feu ; l'*opale hydrophane*, qui est blanche, poreuse, légèrement translucide, et qui acquiert un degré assez prononcé de transparence lorsqu'on la plonge dans l'eau, et que ses vacuoles se remplissent de ce liquide ; l'*opale commune*, qui ne se fait remarquer par aucuns reflets particuliers, et dont les couleurs varient à l'infini. C'est à cette dernière qu'appartient la *ménilite*, que l'on trouve en plaques ou en masses tuberculeuses, aplaties, dans l'argile schisteuse de Ménilmontant, près Paris.

Feldspath.

Le *feldspath* n'est point, à proprement parler, une espèce minérale, mais un petit genre naturel composé de plusieurs espèces très-rapprochées tant par leur composition chimique que par leur forme cristalline. Ce petit genre est caractérisé par une dureté presque comparable à celle du quartz, jointe à la propriété de fondre au chalumeau en émail blanc, et lorsqu'il est cristallisé, ce qui est le cas ordinaire, par une structure remarquable, savoir, deux clivages seulement, donnant des faces presque également nettes et brillantes, et perpendiculaires ou à peu près perpendiculaires l'une à l'autre. Ses formes se rapportent à l'un des systèmes des prismes obliques. Il se compose de silice, d'alumine, et d'une base alcaline.

On distingue trois espèces principales de feldspath : l'*orthose*, ou le feldspath commun des granits, qui est à base de potasse ; l'*albite*, qui est à base de soude, et le *labrador*, qui est à base de chaux.

L'orthose se présente le plus souvent en parties lamellaires, translucides ou opaques, blanchâtres ou rouge de chair ; et quelquefois en cristaux dérivant d'un prisme oblique rhomboïdal de cent vingt degrés, et clivables dans deux directions rigoureusement perpendiculaires (fig. 32). La figure 33 représente une de ses formes les plus ordinaires. On distingue parmi ses variétés : le feldspath *adulaire*, qui est transparent et incolore ; le feldspath nacré

Fig. 32.

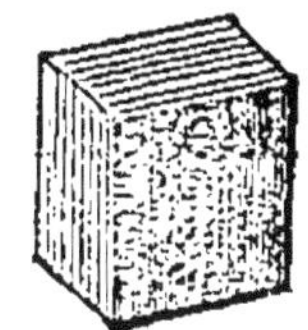

Fig. 33.

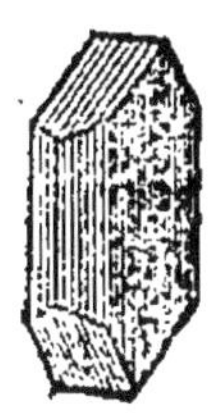

ou *pierre de lune*, à reflets d'un blanc nacré qui flottent dans l'intérieur de la pierre lorsqu'on la fait mouvoir ; le *pétunzé*, qui est blanc et opaque ; la *pierre des Amazones*, qui est d'un beau vert. L'albite, qui est beaucoup plus rare que l'orthose dans les roches granitiques, est ordinairement blanchâtre, se trouve en cristaux qui dérivent d'un prisme oblique, dont les pans font un angle plus petit que celui de l'orthose, et dont les clivages sont inclinés entre eux de quatre-vingt-treize degrés et demi. On peut rapporter à ces deux espèces, et surtout à l'orthose, la plupart des *feldspaths vitreux*, qui se présentent si fréquemment en cristaux minces et fendillés dans les roches trachytiques. Le labrador est soluble dans l'acide chlorhydrique, et cristallise comme l'albite, avec quelques différences dans les angles correspondants. Les deux clivages font entre eux l'angle de quatre-vingt-quatorze degrés et demi. C'est à cette espèce qu'appartient le feldspath opalin d'un gris sombre, dit *pierre de labrador*, remarquable par des reflets presque aussi brillants que ceux de l'opale, ordinairement de deux couleurs, bleue et verte, et quelquefois d'un jaune d'or.

Parmi les minéraux compactes ou terreux, que l'on rapporte au feldspath comme variétés produites par mélange ou par altération, on distingue : le *pétrosilex*, qui est un felsdpath compacte plus ou moins mélangé d'autres substances qui le colorent diversement, dont la cassure est écailleuse, cireuse ou cornée, et qui a tout à fait l'aspect de certains silex, dont il est aisé de le distinguer par sa fusibilité ; le *feldspath tenace* (ou jade de Saussure), qui est compacte et très-difficile à briser ; le *feldspath décomposé* (ou *kaolin*), qui est terreux, blanc, friable et doux au toucher, faisant difficilement pâte avec l'eau. Il provient le plus souvent de la décomposition d'une roche granitoïde appelée *pegmatite*, formée de feldspath, par la perte de son alcali et d'une portion de sa silice, s'est transformé en une sorte d'argile blanche, réfractaire, c'est-à-dire capable de résister à un feu très-violent. En mêlant au kaolin infusible une certaine quantité de pétunzé, qui est un feldspath fusible, on obtient un mélange qui n'éprouve un commencement de fusion ou de vitrification qu'à une très-haute température, et qui donne après le refroidissement une masse douée tout à la fois d'une grande consistance et d'un certain degré de translucidité : c'est la porcelaine. Le kaolin fait, comme l'on voit, le fond de la pâte de porcelaine, avec le pétunzé qui lui sert de fondant ; c'est pour cela qu'on le nomme aussi *terre à porcelaine*. Les vases travaillés avec cette pâte sont en outre recouverts d'un vernis, qui est une sorte d'émail blanc produit par le pétunzé seul ; ainsi, c'est uniquement le feldspath, mais dans deux états différents, qui constitue la porcelaine.

Mica.

Le *mica*, de même que le feldspath, n'est plus considéré comme une simple espèce, mais comme un groupe assez artificiel de plusieurs espèces qui semblent se confondre, à la vérité, par les caractères extérieurs au point qu'il est très-difficile de les distinguer, mais qui cachent réellement sous cette analogie d'aspect des différences de composition chimique et de structure cristalline. Ce sont en général des composés de silice, d'alumine, de potasse, de magnésie ou d'oxyde de fer. Nous nous bornerons à décrire les micas, comme genre, d'après leurs caractères extérieurs qui suffisent pour les faire aisément reconnaître et distinguer de tous les autres minéraux. Ils se présentent toujours en petites masses laminaires, en feuillets minces, ou en paillettes, divisibles en lamelles d'une grande ténuité, brillantes, flexibles et élastiques. Ils sont fusibles au chalumeau, et le plus souvent en émail blanc. Leurs teintes ordinaires sont le brun, le vert, le noirâtre ou le brun enfumé, le blanc d'argent, et le jaune d'or avec un éclat métalloïde. Parmi leurs variétés, on distingue le *mica foliacé* en grandes feuilles transparentes, dont on s'est servi en Russie pour remplacer le verre à vitre, ce qui l'a fait nommer *verre de Moscovie*. Le *mica lamelliforme* ou *pulvérulent*, en petites paillettes brillantes, disséminées dans les roches solides ou dans les sables; ces paillettes ont fréquemment un éclat métalloïde, joint à la couleur blanche de l'argent ou jaune de l'or, ce qui les fait prendre pour des parcelles de ces métaux par les personnes qui ne jugent que sur l'apparence. La *poudre d'or*, ou poudre pour l'écriture, n'est autre chose que du mica que l'on a extrait des sables micacés par le lavage, et dont on se sert pour empêcher l'écriture de s'effacer. Le mica est très-répandu dans la nature : on le rencontre depuis les terrains les plus profonds ou les plus inférieurs (ceux de granit), jusque dans les couches sableuses des dépôts les plus superficiels. Il fait partie essentielle de beaucoup de roches, et c'est à son abondance dans quelques-unes, et à sa disposition par feuillets ou par couches planes, qu'elles doivent leur structure schisteuse.

La matière du mica et celle du talc, dont nous allons parler, donnent naissance par l'atténuation de leur grain, et leur mélange en plus ou moins grande quantité avec des particules siliceuses ou charbonneuses, à des roches schisteuses d'apparence homogène, auxquelles on donne les noms de *schistes argileux*, *schistes siliceux*, *schistes carburés*, etc., et qui ont de nombreux usages dans les arts. Ces schistes se distinguent des argiles, qui quelquefois leur ressemblent par l'aspect et la structure, en ce qu'ils ne sont pas délayables dans l'eau. Les schistes argileux d'un gris bleuâtre, qui se délitent en feuillets minces, comme ceux d'Angers et de Charleville, donnent d'excellentes ardoises; ceux qui se divisent en plaques plus grossières fournissent des dalles pour carrelage; ceux qui sont chargés de silice donnent les pierres à aiguiser, pierres à lancettes, pierres à rasoir, et même d'assez bonnes pierres de touche pour l'essai des matières d'or. Les variétés imprégnées de graphite et d'anthracite fournissent l'espèce de crayon connu sous le nom de *pierre d'Italie*, et le crayon noir des charpentiers; si elles abondent en outre en pyrite ou sulfure de fer, elles donnent l'*ampélite* ou le schiste alumineux qui sert à l'amendement des terres ou à cultiver la vigne, et, par la décomposition de ses parties pyriteuses, produit de l'alun et du sulfate de fer. D'autres schistes argileux donnent les crayons d'ardoise ou crayons gris, la pierre bleue des corroyeurs, la pierre à l'eau ou pierre de Nuremberg.

Les *argiles* de diverses sortes, qui se trouvent en si grande abondance à la surface et dans l'intérieur de la terre, sont des matières terreuses composées essentiellement d'alumine, de silice et d'eau, et qui proviennent pour la plupart de la décomposition des roches micacées et feldspathiques, dont les parties ont été charriées au loin, broyées et réduites en limon par les eaux. Ce sont elles qui fournissent les terres à foulon ou terres à détacher, qui ont la propriété d'absorber les corps gras, les terres anglaises ou terres de pipe, la terre glaise ou terre à poterie commune, la terre à briques, certaines pierres à polir appelées *tripolis*, etc. Les argiles se distinguent par leurs qualités, suivant qu'elles sont fusibles ou infusibles, qu'elles font pâte ou non avec l'eau, qu'elles sont poreuses ou non après la cuisson. Nous avons déjà parlé du kaolin ou de la terre à porcelaine, qui est une des argiles les plus réfractaires, mais qui fait difficilement pâte avec l'eau. Une de celles qui prennent le plus de liant avec l'eau est l'*argile plastique*, appelée aussi terre glaise et terre à potier, qui est quelquefois blanche, mais le plus souvent colorée de différentes teintes de gris bleuâtre, de vert, de rouge, etc. Elle est douce au toucher, et prend beaucoup de retrait et de solidité au feu. Elle est fusible ou infusible, suivant qu'elle renferme ou non de la chaux ou de l'oxyde de fer. Celles qui blanchissent au feu somt généralement susceptibles de lui résister.

L'*argile smectique* ou terre à foulon est fine, savonneuse, et se délaye facilement dans l'eau, sans y faire une pâte longue et tenace : on s'en sert pour enlever aux draps les parties huileuses qui sont mêlées à la laine. L'*argile ocreuse* ou l'ocre jaune, la terre de Sienne, est une argile colorée par de l'hydrate de fer : les ocres jaunes grillées modérément passent au rouge et donnent ainsi les *ocres rouges*. Toutes les ocres sont employées comme matières colorantes par les peintres en bâtiments. L'*argile limoneuse* ou terre à briques, à tuiles et à carreaux, est une argile commune ou terre grasse qui, ramollie par l'eau, est susceptible de se mouler, et d'acquérir ensuite une grande solidité par la dessiccation à l'air ou par la cuisson. Elle se change au feu en un rouge plus ou moins vif, ce qui est dû au fer dont elle est chargée, et qui passe à l'état d'oxyde rouge. Il est une autre sorte de briques, que l'on fait avec les argiles réfractaires, et qui résistent aux plus grandes chaleurs que l'on puisse produire : ce sont celles qui servent à la construction des fours dans lesquels on fond les métaux et le verre, ou dans lesquels on cuit la porcelaine.

Les poteries grossières se font aussi avec des argiles communes ou des terres glaises, que l'on cuit à petit feu. Comme ces poteries sont poreuses, on les recouvre d'un vernis ou d'une couverte que l'on applique par la fusion ; ce vernis est métallique et a pour base l'oxyde de plomb ; il se fait avec l'alquifoux ou la poudre de galène (sulfure de plomb). On laisse quelquefois sans vernis certaines poteries rouges que l'on fabrique avec des argiles ferrugineuses, et auxquelles on donne la forme des anciens vases étrusques. Les *faïences* ne diffèrent des poteries communes que parce qu'elles sont un peu plus fines, et parce qu'on les recouvre d'un vernis opaque ou émail composé d'oxyde de plomb et d'oxyde d'étain. Les poteries fines que l'on fait avec les terres anglaises, et dont la pâte est blanche, sont revêtues d'un vernis transparent qui est de l'oxyde de plomb fondu avec un verre siliceux. Les *poteries de grès* se fabriquent avec des argiles réfractaires, mêlées d'une quantité suffisante de silice ; elles sont cuites à grand feu, ce qui les rend plus denses, et sont le plus souvent livrées au commerce sans vernis. Il en est cependant qui sont vernissées, et qui sont susceptibles d'aller au feu. Ces grès vernis, et la porcelaine dont il a été question page 95, sont recouverts d'un vernis terreux.

Talc.

Le *talc* est une substance pierreuse qui se rapproche beaucoup des micas par ses caractères extérieurs. Comme eux, il se présente sous la forme de feuillets minces et flexibles, mais ces feuillets sont mous et non élastiques. Il est d'ailleurs beaucoup plus tendre (car c'est de tous les minéraux connus le moins dur), et sa poussière est onctueuse au toucher. Il est composé de silice et de magnésie, et à cette dernière base se joint souvent le protoxyde de fer, qui donne alors une teinte verte à la substance.

On distingue comme variétés principales, le *talc laminaire*, qui est blanc ou verdâtre et divisible en lames minces, et le *talc écailleux*, qui est blanc ou grisâtre, légèrement nacré et divisible par écailles. Cette dernière variété a été très-improprement appelée *craie de Briançon;* les tailleurs s'en servent pour tracer leur coupe sur le drap, et il est la base de certains crayons dits de pastel. Réduit en poudre impalpable, on l'emploie pour préparer le fard qui sert à la toilette des dames, pour diminuer le frottement des machines, faciliter l'entrée des pieds dans les bottes neuves, et pour donner un brillant nacré aux papiers de tenture.

A côté du talc se placent, comme variétés de mélange, et peut-être comme espèces, les substances suivantes, dont la nature n'est pas encore bien connue. 1° La *chlorite*, qui contient de la silice, de l'alumine, de la magnésie et du protoxyde de fer; cette substance est en petites lamelles séparées, ou en petites écailles agrégées d'un vert foncé et formant des masses schisteuses (chlorite écailleuse; schiste chloriteux). Les petites lamelles de chlorite diffèrent de celles des micas par leur flexibilité molle et leur onctuosité. 2° La *stéatite* ou la *pierre de lard*, substance tendre, compacte, à cassure écailleuse et à poussière douce, ayant un aspect gras, et se laissant couper à la manière du savon. Sa couleur varie du blanc au vert et au rouge. On l'a regardée comme une variété compacte de talc, pénétrée d'un peu d'eau ou mélangée d'hydrate de magnésie. On peut rapporter à cette variété la matière de la plupart de ces figures grotesques qui nous viennent de la Chine sous le nom de *magots*.

Amphibole.

Les amphiboles constituent un genre de substances cristallines isomorphes, assez faciles à reconnaître, parce qu'étant presque toujours nettement cristallisées, elles offrent deux clivages très-éclatants, d'une égale netteté, et faisant entre eux un angle très-ouvert d'environ 125°. Leurs formes cristallines portent l'empreinte de leur type peu symétrique, qui est un prisme oblique à base rhombe (fig. 34, p. 105). Les amphiboles sont assez dures pour rayer le verre ; elles fondent assez facilement au chalumeau en un émail diversement coloré. Elles sont composées de silice et de plusieurs bases isomorphes, et par conséquent susceptibles de se remplacer l'une l'autre, savoir : de chaux, de magnésie et de protoxyde de fer. Quand l'oxyde de fer manque entièrement, ce qui est rare, elles sont blanches ; mais elles prennent des teintes vertes plus ou moins foncées, suivant qu'elles contiennent une proportion plus ou moins forte de cet oxyde colorant.

Les amphiboles ont avec les pyroxènes dont nous allons parler, une certaine analogie d'aspect et d'autres rapports plus intimes qui les ont fait longtemps confondre avec ces substances. Il ne paraît pas, en effet, qu'il y ait entre eux une différence de nature capable de les faire séparer en deux groupes bien tranchés d'espèces. Si l'on compare respectivement les amphiboles et les pyroxènes qui sont formés des mêmes bases, on trouve, d'une part, que les minéraux correspondants ont des compositions qui s'accordent sensiblement entre elles ; d'une autre part, que les formes des amphiboles non-seulement se rapportent au même système cristallin que celles des pyroxènes, mais que les unes et les autres peuvent être dérivées d'un seul et même type, le prisme de clivage des amphiboles pouvant se déduire très-simplement du prisme de clivage des pyroxènes. D'après cela, les amphiboles pourraient ne constituer que des sous-espèces relativement aux pyroxènes de même composition :

le caractère distinctif des sous-espèces correspondantes ne consisterait que dans une différence de clivage, ces sous-espèces se clivant parallèlement aux faces de deux formes, dont l'une peut être considérée comme secondaire par rapport à l'autre. Tout porte à croire que cette différence de clivage provient de celle des circonstances qui ont accompagné la formation des cristaux d'amphibole et de pyroxène : les pyroxènes paraissent avoir cristallisé par un refroidissement très-rapide, et les amphiboles par un refroidissement beaucoup plus lent.

On distingue trois espèces principales d'amphiboles : 1° la *trémolite* ou *grammatite*, qui est blanche ou légèrement verdâtre, et que l'on trouve en cristaux prismatiques allongés (fig. 34), ou en masses composées de fibres déliées qui présentent un aspect soyeux; 2° l'*actinote* (ou la pierre rayonnante), translucide, d'un vert foncé, en baguettes ou en aiguilles très-allongées, disposées en rayonnant autour d'un centre; 3° la *hornblende*, qui est d'un vert presque noir, ou d'un noir brunâtre. C'est la plus commune; on la trouve formant des couches assez considérables, ou des roches simples nommées *amphibolites*,

Fig. 34.

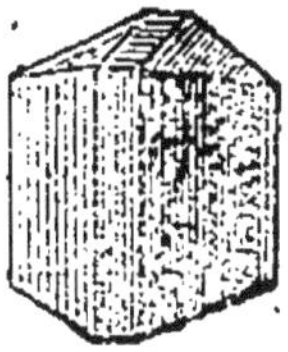

et elle entre dans la composition des roches mélangées appelées *syénites* et *diorites*. Elle y est ordinairement disséminée, tantôt en petites masses lamellaires ou en aiguilles reconnaissables à leur clivage éclatant, tantôt en cristaux nets et courts d'un noir foncé.

On rapporte à l'espèce trémolite une partie de ces substances filamenteuses connues vulgairement sous le nom d'*amiante* ou *d'asbeste*; elles ont de tout temps attiré l'attention par leur grande flexibilité, qui est souvent telle que la masse est aussi souple que de l'étoupe de lin ou de soie, et par leur incombustibilité, qui les distingue éminemment de ces matières organiques avec lesquelles elle a de la ressemblance. Ces substances filamenteuses n'appartiennent pas à une espèce unique, comme on le pensait autrefois. Les mots d'*amiante* ou d'*asbeste* ne servent donc plus aujourd'hui qu'à désigner une manière d'être, une certaine forme qui peut convenir à différents minéraux, et qui se rencontre en effet dans la diallage, le talc stéatite, l'amphibole, le pyroxène, etc. L'amiante le plus recherché est une substance blanche ou grise, en filaments soyeux, longs et flexibles, susceptibles de se filer à la manière du chanvre et du coton, sinon seuls, au moins lorsqu'on les mêle à une petite quantité de ces matières végétales, que l'on fait disparaître ensuite en les brûlant.

L'amiante résiste à la flamme de nos foyers, mais il fond quand on l'expose à l'action d'un feu plus intense, celui du chalumeau, par exemple. Ainsi, les tissus que l'on pourrait travailler avec cette substance ne seraient pas aussi indestructibles qu'on l'avait cru jadis. Les anciens ont connu l'amiante, qu'ils prenaient pour une sorte de lin incombustible ; ils connaissaient l'art de filer et de tisser cette pierre : ils en faisaient des draps et des linceuls dans lesquels on enveloppait les corps des personnages dont on voulait recueillir les cendres sans qu'elles se mêlassent à celles du bûcher. Le mot *asbeste*, qui signifie *inextinguible*, rappelle un autre usage auquel les anciens l'employaient : ils avaient des lampes dites perpétuelles, qui étaient alimentées par une source de bitume et qui brûlaient à l'aide d'une mèche d'amiante. On a tenté, de nos jours, de faire avec des filaments d'asbeste un papier qui fût à l'abri des atteintes du feu ; mais tous les tissus de cette sorte, quoique bien réellement incombustibles, n'en sont pas moins attaquables par un feu violent, qui peut les fondre et les vitrifier. L'amiante tapisse de ses filaments les fissures de certaines roches magnésiennes : le plus beau que l'on connaisse est celui des montagnes de la Tarentaise, en Savoie, et de l'île de Corse.

Pyroxène.

Les pyroxènes forment un genre de substances cristallines isomorphes, composées, comme les amphiboles, de silice, de chaux, de magnésie et de protoxyde de fer, ces trois dernières bases pouvant se remplacer mutuellement, et par conséquent se présenter mélangées en toutes proportions. Ils se distinguent des amphiboles, avec lesquels ils ont des rapports si intimes, par leur éclat, qui est généralement moins vif, leur aspect plus vitreux, et surtout par leur clivage, qui a lieu parallèlement aux faces d'un prisme oblique à base rhombe, dont les faces latérales font entre elles un angle de 87°. Les pyroxènes se clivent aussi quelquefois parallèlement aux deux plans qui divisent le prisme diagonalement en passant par son axe, et par conséquent dans deux directions perpendiculaires entre elles. Aucun des clivages du pyroxène n'est aussi net que ceux de l'amphibole. Les plus parfaits sont les deux clivages obliques, parallèles aux pans du prisme.

On distingue plusieurs espèces de pyroxènes : 1° le *diopside*, qui correspond à la trémolite, et a pour bases la chaux et la magnésie.

C'est l'espèce la plus rare; elle est en cristaux transparents, blancs ou gris verdâtres; 2° la *sahlite*, qui répond à l'actinote, et renferme, outre les deux bases précédentes, du protoxyde de fer; elle est en cristaux ou en masses laminaires, d'un vert plus ou moins foncé, clivables parallèlement aux pans et aux bases du prisme fondamental; 3° l'*augite*, qui est en cristaux d'un vert noirâtre plus prononcé ou tout à fait noir, dont le clivage est facile suivant les pans du prisme rhomboïdal, difficile ou nul dans le sens des bases. Il renferme les mêmes bases que la sahlite, et en outre un peu de protoxyde de manganèse et d'alumine. Il se rencontre abondamment, en cristaux courts et bien déterminés (fig. 35), dans les roches volcaniques, et fait, avec le feldspath, le fond de la matière des basaltes.

Fig. 35.

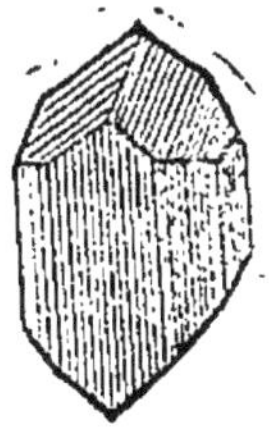

On peut rapprocher des pyroxènes, et considérer même comme espèces ou variétés de mélange de ce genre les substances nommées *hypersthène* et *diallage*. L'hypersthène est en masses laminaires, d'un brun ou noir métalloïde bronzé, offrant les deux clivages de l'augite, plus un troisième parallèle à la troncature de l'arête latérale aiguë, et qui est plus net que les deux autres. Il a pour base l'oxyde de fer et la magnésie. La *diallage* est en petites masses laminaires, verdâtres ou brunâtres, tendres et à poussière douce, n'offrant d'une manière nette que le dernier clivage dont nous venons de parler, mais avec plus de perfection encore que l'hypersthène. Elle a pour bases la magnésie, la chaux et le protoxyde de fer, la première étant en quantité prédominante. Les petites masses de diallage sont toujours disséminées, soit dans un feldspath compacte, soit dans une serpentine. Les lames que l'on en détache par le clivage ont un aspect mat et un éclat gras dans la cassure transversale; leurs grandes faces présentent un poli vif et un éclat tantôt métalloïde, tantôt nacré ou satiné; de là deux variétés principales de diallage: la *diallage métalloïde*, qui est d'un vert ou d'un gris foncé, et dont l'éclat se rapproche de celui du bronze, et la *diallage verte* ou satinée, à laquelle on a aussi donné le nom de *smaragdite*, qui est d'un vert d'herbe et dont les lames chatoient en gris de perle. La diallage constitue l'élément caractéristique de la roche que les géologues nomment *euphotide :* c'est une roche à structure granitoïde, composée de feldspath presque compacte et de lamelles de diallage, tantôt verte, tantôt métalloïde. Cette roche est très-tenace et difficile à travailler; elle est abondante dans les Apennins et les environs de Turin. Elle forme en Corse des couches assez étendues, d'où l'on tire la matière connue sous le nom de *vert de Corse*, et qui est fort estimée pour ses beaux effets.

Serpentine.

La *serpentine* est une substance tendre, qu'on n'a point encore observée à l'état cristallin, et que quelques minéralogistes regardent néanmoins comme devant former une espèce particulière, tandis que d'autres ne voient en elle qu'un mélange de diallage et de talc. Elle se présente en masse compacte, à cassure écailleuse, douce au toucher, dont l'éclat est faiblement gras et dont la couleur dominante est le vert foncé, passant par nuances au gris jaunâtre. Elle renferme souvent des veines d'asbeste satiné, et des lamelles chatoyantes de diallage, lesquelles semblent se fondre insensiblement dans la pâte qui les entoure. La serpentine est quelquefois translucide, le plus souvent opaque. Elle est infusible au chalumeau, mais elle durcit par l'action d'un feu prolongé.

Parmi les variétés de cette substance, on distingue : 1° la *serpentine noble*, qui est translucide, d'un vert de poireau ou de pistache, et généralement d'une couleur uniforme. On la travaille pour en faire des tabatières, des plaques d'ornement, des vases de différentes formes. 2° La *serpentine* commune, opaque et de couleurs mélangées. Sa surface est tachetée ou veinée de vert, de jaunâtre ou de rougeâtre. On a comparé ces taches et ces veines à celles qu'offre ordinairement la peau des serpents, d'où est venue à la substance le nom de serpentine. Les serpentines communes s'emploient dans plusieurs pays, où elles se présentent pures et en grandes masses, à la fabrication de certaines poteries économiques, et surtout de marmites propres à cuire les aliments. C'est à cause de cet usage que ces variétés de serpentine sont désignées sous le nom de *pierres ollaires*. Elles possèdent naturellement toutes les qualités que l'on recherche dans les poteries, et sont assez tendres pour être travaillées au tour; il suffit de les creuser et de leur donner la forme que l'on désire pour avoir des vases qui puissent servir immédiatement et supporter l'action du feu. On trouve de bonnes pierres ollaires dans les environs du lac de Côme en Italie; elles sont d'un gris azuré et portent le nom de *pierres de Côme*.

Calcaire.

Le *calcaire* ou carbonate de chaux rhomboédrique (vulgairement la pierre à chaux) est l'une des substances le plus abondamment répandues dans la nature. On le distingue aisément de tous les autres minéraux par la faculté qu'il a de se dissoudre avec effervescence dans les acides, de se réduire en chaux vive par le grillage au feu, et de se laisser rayer profondément par une pointe de fer. Lorsqu'il est cristallisé, on le reconnaît à son triple et facile clivage en fragments rhomboïdaux, et à l'éclat vitreux qui lui est propre. Le grand angle des rhomboèdres de clivage est d'environ 105°. Les masses laminaires limpides sont connues sous le nom de *spath d'Islande*; elles possèdent la double réfraction à un haut degré, et doublent les images des objets à travers les faces parallèles, en sorte qu'il suffit de poser un rhomboèdre sur un point ou une ligne noire, pour voir deux images du point ou de la ligne. Les formes cristallines du calcaire sont extrêmement nombreuses; les plus communes sont : le solide de clivage ou rhomboèdre primitif (voyez page 31, la fig. 9); le prisme hexagonal, fig. 12, qui constitue la variété de forme nommée *prismatique*; le dodécaèdre, fig. 11, variété nommée *métastatique*; le rhomboèdre aigu, fig. 36, page 114, variété *inverse*; le rhomboèdre très-obtus, fig. 37, variété *équiaxe*.

Le calcaire est aussi une des espèces les plus fécondes en variétés de formes accidentelles et de structure. Parmi les premières on distingue : le calcaire en *stalactites*. Nous avons dit (p. 39)

Fig. 36.

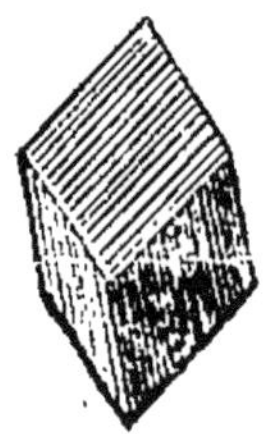

Fig. 37.

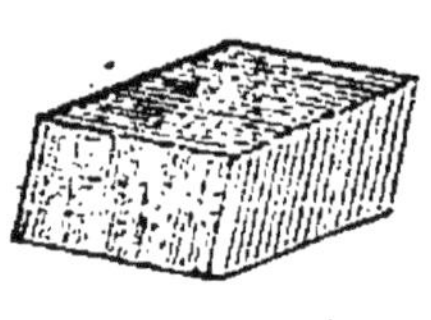

comment se formaient ces dépôts coniques de couches successives. On y rapporte les stalagmites, qui sont des masses aplaties, mamelonnées, composées de couches qui forment des ondulations, et dont la couleur varie entre le blanc jaunâtre, le jaune de miel, et le brun rougeâtre. C'est cette variété qui fournit l'albâtre calcaire ou albâtre oriental, qu'il ne faut point confondre avec celui que l'on prend si souvent pour terme de comparaison, lorsqu'on veut désigner la blancheur. Ce dernier est un albâtre gypseux. L'albâtre calcaire a une cassure striée, et il est assez dur pour rayer le marbre blanc. Le bel albâtre oriental, si recherché des anciens, est un albâtre uni, d'un blanc légèrement laiteux, et d'une belle demi-transparence. Tel est celui dont est faite la statue égyptienne que possède le Musée du Louvre. Il existe à Montmartre, près de Paris, un albâtre veiné, qui offre des couches d'une couleur brune entremêlée de veines d'un blanc sale. —Le calcaire *coralloïde* produit par une multitude de petites aiguilles cristallines qui se groupent les unes sur les autres, en se disposant obliquement autour d'un axe commun, le plus souvent courbé sur lui-même : elles forment ainsi des branches cylindriques qui se contournent et se ramifient entre elles à la manière du corail. La plupart de ces variétés paraissent devoir se rapporter plutôt à une seconde espèce de carbonate de chaux que nous mentionnerons tout à l'heure sous le nom d'arragonite. Telles sont entre autres celles que les anciens nommaient *flos ferri*, parce qu'elles se trouvent dans les mines de fer, et qu'on les a prises pour une sorte de végétation. — Le calcaire *incrustant*, recouvrant différents corps organiques, tels que des branches ou des feuilles d'arbre. Il existe beaucoup de sources dont les eaux sont douées de la vertu d'incruster tous les corps qu'elles rencontrent au moment où elles sortent de terre. On en a un exemple auprès de Paris, dans les eaux de l'aqueduc d'Arcueil dont les tuyaux s'engorgent en très-peu de temps. Les eaux des bains de Tivoli, près de Rome, et de Saint-Philippe en Toscane, jouissent de la même propriété. On a cherché à en tirer parti dans l'intérêt des arts, en forçant ces eaux à déposer leur sédiment dans des moules creux, dont il prend et garde l'empreinte. On peut obtenir ainsi de petits bas-reliefs aussi nets que si on les avait sculptés sur le marbre. Ces mêmes eaux recouvrent le sol sur lequel elles se répandent d'un sédiment poreux plus ou moins grossier, auquel on donne le nom de *tuf calcaire*. On connaît de ces tufs en masses considérables, dont la matière est compacte et homogène : tel est le *travertin* des carrières de Tivoli, qui a servi à la construction des monuments de Rome. Mais la plupart des tufs ont le grain grossier, et leur substance est souvent mélangée de parties étrangères, telles que des débris de coquilles et de végétaux. — Le calcaire *pseudomorphique*, dont les formes sont originaires de corps organiques, principalement de coquilles.

Parmi les *variétés de structure* ou en masses on distingue le *calcaire fibreux* à fibres droites et soyeuses. Cette variété assez rare est travaillée en Angleterre pour en faire des bijoux, auxquels on donne une forme arrondie, qui facilite le développement des reflets satinés de la pierre. — Le *calcaire lamellaire* ou *saccharoïde*, à cassure brillante, grenue, ou finement lamellaire. C'est à cette variété que se rapportent le marbre[1] statuaire des anciens, dit de *Paros*, et

1. Le mot *marbre* désigne en général toutes les pier-

le marbre statuaire des modernes, dit de *Carrare*. Ce dernier a le grain semblable à celui du sucre, il se tire des carrières de Carrare, sur la côte de Gênes. Il en existe aussi en France, dans les Pyrénées. Ces marbres saccharoïdes appartiennent généralement aux terrains primitifs. On n'emploie dans la sculpture que des marbres blancs et unis; mais il est des calcaires saccharoïdes qui sont veinés de talc verdâtre (le marbre cipolin), ou qui sont entièrement colorés, comme le *bleu turquin*, qui est d'un bleu grisâtre. On emploie celui-ci pour faire des dessus de tables et des revêtements de consoles; le premier sert principalement à faire des colonnes.

Le *calcaire compacte*, à grain fin et à cassure terne, coloré diversement par des mélanges mécaniques. C'est celui dont on fait l'emploi le plus habituel sous le nom de marbre. Il en est un grand nombre de variétés dont nous rappellerons ici les plus connues. Parmi les marbres unis ou d'une seule couleur, le *jaune antique* et le *jaune de Sienne*, d'une teinte foncée, sans veines ni taches (les colonnes intérieures du Panthéon de Rome appartiennent à ces varié-

res calcaires à grain fin, qui sont polissables, et que l'on peut employer dans la décoration et l'ameublement des édifices.

tés) ; le *rouge antique*, d'un rouge de sang : tel est celui des deux siéges antiques que l'on voit au Musée du Louvre ; les marbres *noirs* de Dinant et de Namur, que l'on emploie au carrelage des églises. Parmi les marbres veinés et tachetés : le *portor*, dont les veines sont jaunes sur un fond noir ; le marbre de *Languedoc*, rouge et blanc, des carrières de Caunes, près Narbonne (les colonnes qui décorent l'arc du Carrousel, à Paris, sont de ce marbre) ; la *griotte*, d'un brun foncé, avec des taches d'un rouge rembruni, semblable à celui de la cerise griotte, venant également des carrières de Caunes (la plate-bande de l'arc du Carrousel en est formée) ; le *cervelas*, d'un rouge foncé, veiné de gris et taché de blanc ; le marbre *Campan*, que l'on exploite dans la vallée de ce nom, près de Bagnères, et qui offre un fond rouge veiné de vert ; le marbre *Sainte-Anne*, dont le fond noirâtre est veiné de gris et de blanc : c'est un des plus communs et des moins chers ; il vient des frontières de la Belgique. Parmi les marbres lumachelles ou coquilliers, c'est-à-dire ceux qui sont composés en tout ou en partie de débris de coquilles ou de madrépores : les *lumachelles* grises et noirâtres, de Narbonne et de la Bourgogne ; la *lumachelle jaune*, dite d'*Astracan*, et qui vient des bords du

Gange; le *petit granit*, dont le fond noir est semé de petites taches grises, rondes ou étoilées, et qui sont des fragments d'encrines; c'est un des marbres que l'on emploie le plus fréquemment à Paris; il s'exploite dans les environs de Mons. On appelle *marbres brèches* ceux qui sont composés de fragments anguleux de diverses couleurs, réunis par une pâte calcaire d'une teinte différente. Quand les fragments sont très-petits, ces marbres prennent le nom de *brocatelles*. Les *fausses brèches* sont des marbres veinés qui ont l'apparence de brèches, ou qui semblent être composés de fragments, par suite de la manière dont les veines s'entrelacent. Les marbres veinés et colorés appartiennent en général à la série des terrains intermédiaires, ou aux plus anciens terrains secondaires.

Le *calcaire compacte* jaunâtre (ou la pierre lithographique), à cassure lisse et à grain très-serré, susceptible de poli : on l'emploie dans la lithographie, nouvel art qui consiste à remplacer les planches de cuivre dont se servent les graveurs, par des pierres polies sur lesquelles on trace, avec un crayon gras, les dessins que l'on veut multiplier. Les meilleures pierres lithographiques viennent de Bavière ; mais on en trouve d'assez bonnes en France, à Châteauroux.

Le *calcaire oolithique*, en grandes masses composées de globules, assez gros communément, et quelquefois très-fins. Les calcaires lithographiques et oolithiques sont communs dans les terrains secondaires moyens, surtout dans l'étage des terrains dits jurassiques, parce qu'ils composent en grande partie la chaîne du Jura. — Le *calcaire crayeux* ou la craie, quelquefois sablonneuse et grisâtre, souvent blanche et très-friable, laissant des traces de son passage sur les corps durs. Triturée et délayée avec de l'eau, elle fournit une pâte dont on fait le *blanc d'Espagne*. La craie blanche des environs de Paris, qui se montre à Meudon et à Bougival, est située à la limite supérieure du sol secondaire. — Le *calcaire marneux*, ou mélangé d'argile : c'est à cette variété que l'on rapporte la pierre de Florence (le marbre ruiniforme), à fond gris jaunâtre, marqué de lignes brunes. Ces lignes, dues à des infiltrations qui ont rempli des fissures planes et croisées dans tous les sens, forment des dessins anguleux qui, vus à une certaine distance, ressemblent à des ruines d'édifices. — Le *calcaire grossier*, plus ou moins mélangé de sable (la pierre à chaux commune et la pierre à bâtir des Parisiens), d'un jaune ou d'un blanc sale ; à grain grossier, et non susceptible de poli. Elle est très-commune aux environs de Paris, où elle se fait remarquer par la grande quantité de coquilles du genre *cérithe* qu'elle renferme. Elle forme la plus grande partie de l'étage inférieur des terrains tertiaires. On l'emploie principalement comme pierre de taille; mais elle sert aussi à l'extraction de la chaux, avec la craie, le marbre et les autres variétés calcaires.

Pour convertir ces pierres en chaux vive, il n'est besoin que de les cuire ou les chauffer fortement dans des fours, ce que l'on appelle *calciner la pierre*. Par là on les dépouille de leur acide carbonique, et on les change en une substance pâteuse qui est la base de tous les mortiers ou bétons, dont on se sert pour unir et solidifier les matériaux des édifices. Les pierres calcaires donnent, selon leur degré de pureté, des chaux de qualités diverses, parmi lesquelles on distingue la *chaux grasse*, qui est très-blanche, absorbe beaucoup d'eau lorsqu'on l'éteint, et demande beaucoup de sable pour la confection du mortier; la *chaux maigre*, qui demande peu d'eau et porte peu de sable; la *chaux hydraulique*, qui a la propriété de durcir sous l'eau, sans le secours d'aucun mélange. C'est celle-ci que l'on emploie pour les fondations humides et tous les ouvrages de maçonnerie qui doivent être submergés.

Le *calcaire siliceux*, à texture compacte et à grain variable, ordinairement fin, plus dur que le calcaire commun, et laissant un résidu de silice par la dissolution dans l'acide nitrique. Il est commun dans les environs de Paris. On trouve dans la forêt de Fontainebleau des cristaux calcaires qui se sont formés au milieu du sable, en entraînant dans leur masse des particules siliceuses. Ces particules sont quelquefois si abondantes, qu'elles donnent à ces cristaux l'apparence du grès commun : aussi sont-ils connus sous le nom fort impropre de *grès cristallisé de Fontainebleau.*

Le *calcaire argileux* ou mêlé d'argile (la marne calcaire). L'argile est, comme nous l'avons vu, un mélange terreux, tendre, qui fait pâte avec l'eau, et qui, lorsqu'il est pur, est infusible, et non effervescent dans les acides. La marne, qui est un mélange de calcaire et d'argile, est à la fois fusible, effervescente et ductile avec l'eau.

Il existe une autre espèce de carbonate de chaux, qui a même composition chimique *apparente* que le calcaire dont nous venons de parler, mais qui présente une structure et des formes tout à fait différentes. Elle ne se rencontre que très-rarement et, pour ainsi dire, accidentellement dans la nature. Sa cassure est vitreuse, et non lamelleuse : ses formes appartiennent au système du prisme droit rhomboïdal. Enfin, sa dureté et sa densité sont plus considérables que celles du carbonate ordinaire. Aussi l'en a-t-on séparé sous le nom d'*arragonite*, parce que les premiers échantillons connus ont été trouvés dans l'ancien royaume d'Aragon en Espagne. Il est encore une autre espèce de pierre calcaire (le calcaire magnésien ou la *dolomie*), qui est à bases de chaux et de magnésie ; celle-ci se rapproche beaucoup du calcaire ordinaire par ses caractères extérieurs; mais elle s'en distingue en ce qu'elle ne fait à froid qu'une effervescence très-lente avec les acides, et que sa solution donne un précipité par l'ammoniaque. Lorsqu'elle est cristallisée, elle a ordinairement un éclat légèrement nacré, et se clive en rhomboèdre, dont l'angle est de plus de 106°. Elle existe aussi à l'état grenu et compacte, et constitue alors de grandes masses, répandues dans le sol primordial, et surtout dans les terrains secondaires. On rapporte aux dolomies compactes la pierre à rasoir, dite *pierre à l'huile* et *pierre du Levant*.

Gypse.

Le *gypse* (ou la pierre à plâtre) est une substance extrêmement tendre, susceptible d'être rayée facilement par l'ongle qui la réduit en une poussière blanchâtre et farineuse, et divisible dans un seul sens en lames minces, quand elle est cristallisée. Si l'on expose ces lames sur un charbon ardent, elles se subdivisent d'elles-mêmes en une multitude de feuillets qui décrépitent et blanchissent, parce qu'ils dégagent de l'eau. Soumis à un feu modéré, le gypse perd toute son eau, et se convertit en une substance blanche et terne qu'on nomme *plâtre*. Le gypse est un sulfate de chaux hydraté; il est légèrement soluble dans l'eau. Sa cristallisation se rapporte au système du prisme oblique à base rectangle. La fig. 38 représente l'une de ses formes les plus ordinaires. Il est souvent incolore et quelquefois jaunâtre.

Fig. 38.

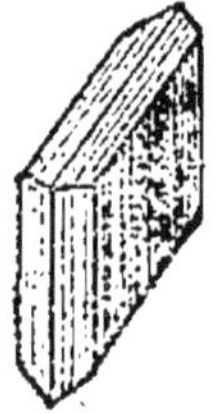

Fig. 39.

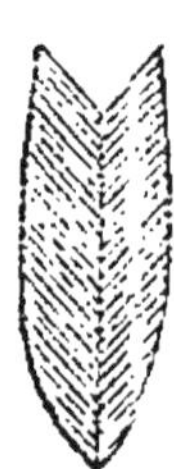

Parmi ses variétés, on distingue : le *gypse soyeux*, dont le tissu imite celui de la plus belle soie. Cette variété ressemble beaucoup au calcaire fibreux que l'on travaille en Angleterre; mais elle est moins dure. — Le *gypse lenticulaire*, en cristaux altérés par des arrondissements et présentant la forme de lentilles. Souvent deux lentiles sont accolées l'une à l'autre, de manière qu'elles semblent se pénétrer en partie. Les fragments que l'on détache de ces doubles lentilles par le clivage ou par le choc ressemblent à un coin échancré à sa base (fig. 39); on leur donne le nom de *gypse en fer de lance*. Ces lentilles sont communes à Montmartre. — Le *gypse compacte* (ou l'albâtre gypseux), qu'il ne faut point confondre avec le véritable albâtre, qui est une variété de calcaire. C'est au gypse compacte que se rapporte l'expression proverbiale, *blanc comme l'albâtre*. Celui que l'on trouve en Toscane est translucide et d'un blanc de lait : tout le monde a vu les vases, les pendules, les statues dont il fournit la matière. Il existe à Lagny, auprès de Paris, un albâtre veiné, d'un blanc jaunâtre, que l'on exploite avec avantage. On en fait aussi des pendules, des socles, des revêtements de cheminées. — Le *gypse grossier* (ou la pierre à plâtre), composé de grains lamelleux, jaunâtres ou d'un blanc sale : tel est celui dont se compose en grande partie la colline de Montmartre, auprès de Paris. Ce gypse est mêlé d'une certaine proportion de calcaire, qui donne plus de solidité au plâtre que l'on en retire par la cuisson. Le plâtre n'est autre chose que du gypse cuit à un feu modéré et réduit en poudre. Ce gypse ayant perdu toute l'eau qu'il contenait, absorbe l'humidité avec une grande avidité, et lorsqu'on le gâche avec de l'eau, il se prend en une masse solide. Tout le monde connaît l'usage que l'on fait du plâtre pour sceller les ferrures dans la pierre, pour enduire l'extérieur des maisons, pour faire les plafonds et les corniches, pour mouler les statues, etc. On s'en sert aussi pour amender les terres. En le mêlant avec de l'eau et de la colle forte, on en forme une pâte qui prend une grande consistance, et que l'on nomme du *stuc*. Ce stuc pouvant se colorer à volonté et recevoir un beau poli, s'emploie avec succès dans toutes les constructions où il s'agit d'imiter le marbre.

Le gypse se présente à plusieurs étages des terrains secondaires et tertiaires ; il y forme des couches ou des amas plus ou moins puissants. Il est très-abondant aux environs de Paris, où il est accompagné de marnes grises et vertes, et où il renferme de nombreux ossements de mammifères terrestres (butte de Montmartre).

Il existe une autre espèce de sulfate de chaux qui diffère du gypse, en ce qu'il ne contient pas d'eau : c'est le gypse anhydre (ou *karsténite*), substance cristalline, ordinairement blanche, à structure laminaire ou saccharoïde, et qui se clive dans trois directions rectangulaires. Elle est plus dure et plus pesante que le gypse proprement dit. On la trouve en couches ou en amas dans les terrains intermédiaires, et les plus anciens terrains secondaires.

Sel gemme.

Le *sel gemme* (sel marin ou salmare) est un chlorure de sodium, ou un composé de chlore et du métal de la soude. C'est une substance soluble dans l'eau, d'une saveur connue dè tout le monde, ordinairement blanche, limpide ou translucide, ayant une structure laminaire qui donne des fragments cubiques, et quelquefois une texture grenue ou fibreuse. On la trouve dans la nature sous deux états différents : dans les eaux de la mer et des sources salées, dont on la retire par l'évaporation naturelle ou artificielle, et en bancs ou amas plus ou moins considérables ou en veines au milieu d'argiles, dans les terrains secondaires et tertiaires. Ces argiles sont tantôt grises, tantôt rougeâtres, et communiquent souvent leur couleur au sel qui en est pénétré. Celui-ci y est souvent accompagné de gypse ou de karsténite. Le sel s'emploie dans l'économie domestique et en agriculture pour la nourriture de l'homme et des bestiaux, et pour l'amendement des terres.

Il sert aussi à la fabrication de la soude du commerce, et pour cela on commence par le transformer en sulfate, en le traitant par l'acide sulfurique. La plus grande partie du sel que l'on consomme en France vient de la mer et des sources salées. Cependant on exploite depuis quelques années à Vic et à Dieuze, dans le département de la Meurthe, une mine de sel gemme, en couches de plus de 26 mètres d'épaisseur et qui paraissent s'étendre fort loin. Les salines les plus remarquables que l'on connaisse sont celles de Wieliczka, en Pologne, si célèbres par les relations qu'en ont données les voyageurs. Elles forment un ensemble de près de 2500 mètres de long sur 1000 de large, et plus de 200 de profondeur. On exploite aussi du sel gemme à Northwich en Angleterre, à Cardonna en Espagne, à Bex en Suisse, dans le Salzbourg et dans le Wurtemberg.

II. DES SUBSTANCES PIERREUSES

DISSÉMINÉES DANS LES GRANDES MASSES, ET NOTAMMENT DES PIERRES PRÉCIEUSES.

Fluor.

Le *fluor* (spath fluor; fluate de chaux, fluorine) est une combinaison de la substance élémentaire appelée fluor, et du métal de la chaux. C'est une pierre à cassure vitreuse, plus tendre que le quartz et plus dure que le calcaire, cristallisant ordinairement en cubes, et remarquable par la diversité des teintes vives, vertes, jaunes, bleues, violettes, dont ses cristaux sont ornés. Elle se clive avec la plus grande netteté dans quatre sens différents, parallèles aux faces d'un octaèdre régulier. Elle est attaquée par l'acide sulfurique qui en dégage une vapeur blanche (acide fluorique) capable de corroder le verre. Quelques-unes de ses variétés ont la propriété, lorsqu'elles sont chauffées jusqu'à la température de l'eau bouillante, de répandre dans l'obscurité une lueur phosphorique d'une belle couleur verte, ce qui leur a fait donner le nom de *chlorophanes*. Cette substance fait partie des matières pierreuses qui accompagnent dans les filons les minerais métalliques : elle se rencontre fréquemment dans les mines de plomb. Une des variétés les plus recherchées est celle que l'on trouve en Angleterre, et qui est composée, comme les albâtres, de zones successives alternativement blanches et violettes, et disposées en zigzag : on en fait des vases et des plaques de différentes formes. On pense que la matière des vases murrhins, qui ont eu tant de célébrité chez les Romains, n'était autre chose que le fluor.

Apatite.

L'*apatite* (ou le phosphate de chaux) est une pierre composée d'acide phosphorique et de chaux, mêlée d'un peu de chlorure et de fluorure de calcium, qui est vitreuse comme la précédente, possède à peu près le même degré de dureté, et montre aussi comme elle une assez grande variété de couleurs ; mais elles sont généralement moins vives. Elle se présente cristallisée le plus souvent en prismes hexaèdres réguliers, et en prismes surmontés de pyramides à triangles isocèles comme ceux de cristal de roche. Quelques-unes de ces variétés jouissent, comme le fluor chlorophane, de la faculté de devenir phosphorescentes par l'action de la chaleur. L'apatite est aussi une des substances que l'on trouve dans les filons métallifères ; en outre, on la rencontre disséminée dans les roches granitiques, micacées et talqueuses. On la trouve enfin en masses assez considérables, mais à l'état terreux, en Estramadure (Espagne).

Barytine, Célestine.

La *barytine* (ou le sulfate de baryte, le spath pesant) est une substance blanche, vitreuse, très-pesante, composée d'acide sulfurique et de baryte, et qui se montre, comme le fluor et le calcaire rhomboïdal, fréquemment associée aux métaux sur gangues dans les filons.

Après le calcaire, c'est la substance qui a offert le plus grand nombre de variétés de formes cristallines. Celles qui lui appartiennent se rapportent au système du prisme droit à base rhombe. Les plus ordinaires sont des octaèdres rectangulaires, des prismes droits à base rhombe ou rectangle, plus ou moins modifiés, et souvent très-courts, ce qui donne aux cristaux une apparence de forme aplatie qu'on nomme *tabulaire*. On en trouve à Coude et à Royat en Auvergne. Ces cristaux minces se groupent quelquefois de manière à imiter grossièrement des crêtes de coq. La baryte n'est pas toujours blanche : elle a souvent une teinte jaune ou rouge de chair. On la rencontre aussi en masses globuleuses, rayonnées du centre à la circonférence, et constituant ce qu'on appelle la pierre de Bologne, que l'on trouve au mont Paterno, près de cette ville. On s'est servi de cette variété pour la préparation de la substance phosphorescente dite *phosphore de Bologne.* Pour obtenir ce phosphore, on chauffait fortement la pierre mêlée avec du charbon, puis on agglutinait sa poussière à l'aide d'une dissolution gommeuse, et l'on en faisait des espèces de gâteaux que l'on présentait à la lumière pendant quelques secondes. Portés ensuite dans l'obscurité, ils luisaient comme des charbons allumés. La barytine est une substance de filons, qui accompagne les minerais de plomb, d'argent et de mercure. Elle se trouve aussi en veines ou en petits amas dans les roches granitiques, et dans les grès ou les argiles secondaires, jusque vers l'étage des terrains jurassiques.

La *célestine* (ou le sulfate de strontiane) a les plus grands rapports avec la barytine : ses cristaux s'offrent sous les mêmes formes, sauf quelques degrés de différence dans la mesure des angles correspondants. Elle est quelquefois blanche et limpide, mais souvent elle affecte une couleur d'un bleu céleste, qui lui a fait donner son nom. On la trouve souvent en aiguilles ou en masses fibreuses, formant des lits d'un centimètre d'épaisseur, et composés de petites fibres droites parallèles. Enfin elle se présente aussi en masses compactes ou terreuses, de forme tuberculeuse ou ovoïde. Sa position géologique est autre que celle de la barytine. Elle paraît de formation plus récente, et ne commence guère à se montrer dans la série des terrains que là où finit la barytine; mais elle se prolonge jusque dans les couches supérieures du sol tertiaire. On la trouve aux environs de Paris, dans le dépôt de craie, et dans les marnes du gypse.

Zéolithes.

Les *zéolithes* forment un groupe de substances qui se rapprochent et se lient entre elles, non-seulement par quelques caractères extérieurs, mais encore par des rapports chimiques et géologiques. Ces substances, qui sont généralement blanches et d'un aspect vitreux, sont disséminées soit en amandes ou noyaux cristallins, soit en cristaux isolés dans des roches ignées anciennes (les roches celluleuses dites *amygdaloïdes*) ou dans les laves des volcans. La plupart sont fusibles avec bouillonnement au chalumeau, et se dissolvent dans les acides, en faisant avec eux une gelée transparente; ce sont des silicates ou combinaisons de silice avec des bases alcalines, dont les alcalis proprement dits font presque toujours partie; ils sont généralement hydratés. Nous mentionnerons particulièrement les espèces suivantes :

L'*amphigène* (ou leucite) est une substance blanche qui est cristallisée dans le système cubique et sous les formes du grenat, dont nous parlerons tout à l'heure ; aussi le nommait-on anciennement *grenat blanc;* mais il est moins dur, car il raye difficilement le verre ; il est sans eau et infusible. Sous ce dernier rapport, et aussi par sa manière d'être géologique, il fait en quelque sorte exception au caractère général des zéolithes. Il est abondamment répandu dans les laves du Vésuve et dans les produits volcaniques plus anciens de la campagne de Rome.

L'*analcime* a les plus grands rapports avec l'amphigène par sa cristallisation ; mais il est moins dur que lui, est à base de soude, tandis que l'amphigène est à base de potasse, et renferme une certaine quantité d'eau, qui s'en dégage par la calcination. De plus, il est fusible en verre transparent. On le trouve dans les roches amygdaloïdes ou basaltiques du Vicentin, du Tyrol, de l'Écosse, des îles Féroë et aussi dans quelques amas métallifères des terrains primitifs.

L'*apophyllite* est une substance blanche, cristallisant en prismes droits à base carrée, et remarquable par un clivage facile, parallèle à cette base, et qui donne souvent des joints à éclat nacré. Elle se trouve comme l'analcime dans les roches amygdaloïdes, et se rencontre aussi dans quelques filons ou amas métallifères.

La *chabasie* est cristallisée en rhomboèdres légèrement obtus ; elle est commune dans les roches amygdaloïdes. L'*harmotome*, au contraire, y est assez rare, mais s'observe plus fréquemment dans les filons. Elle cristallise en prismes droits à base rectangle, et contient un cinquième de son poids de baryte. On l'a appelée *pierre cruciforme*, parce que ses cristaux se groupent parallèlement à leur axe, de manière à figurer des croix rectangulaires.

La *mésotype* s'offre cristallisée en prismes rhomboïdaux, ordinairement allongés en aiguilles, et réunis en rayonnant autour d'un centre : elle forme donc des masses aciculaires ou fibreuses, à fibres ou aiguilles divergentes. Les plus beaux groupes de cristaux viennent de l'Auvergne. La *stilbite* est ainsi nommée parce qu'elle est susceptible d'un clivage dont les faces ont un éclat nacré remarquable, quelle que soit d'ailleurs la couleur de la pierre, qui le plus souvent est blanche et vitreuse, mais présente quelquefois une teinte foncée de rouge de brique. Ces deux dernières substances se trouvent aussi, comme les autres zéolitnes, dans les roches ignées celluleuses, mais on les rencontre aussi dans les terrains stratifiés, et la dernière n'est pas rare dans les schistes cristallins dits primitifs, et dans les filons ou amas métallifères.

Les six espèces qui vont suivre, et qui sont encore des silicates, appartiennent presque exclusivement aux terrains de la période primitive, dans lesquels elles sont disséminées en cristaux, ou s'offrent sous la forme de veines et de petits nids.

Disthène, Staurotide, Macle.

Le *disthène* est une substance blanche ou d'un bleu de saphir, dont les cristaux présentent des baguettes ou de longs prismes lamelliformes, clivables avec beaucoup de facilité dans un seul sens, parallèle à leur axe. Elle est remarquable par son infusibilité, qui l'a fait employer par les anciens minéralogistes pour les essais au chalumeau, sous le nom de *sappare*. Elle est disséminée dans les micaschites du Saint-Gothard en Suisse.

La *staurotide* (ou pierre de croix) est une substance rougeâtre ou d'un gris noirâtre, qui cristallise en prismes droits rhomboïdaux, et qui est remarquable par les groupements réguliers que présentent ses cristaux, dont la forme est tantôt celle d'une croix exactement rectangulaire (fig 22, p. 38), tantôt celle d'une croix obliquangle (fig. 23, même page), dont les angles sont toujours les mêmes. On la trouve accompagnant le disthène au Saint-Gothard, et elle est abondamment répandue dans les schistes argileux de la Bretagne.

La *macle* ou *andalousite* est un autre minéral commun dans les schistes de Bretagne, et qui cristallise en longs prismes rhomboïdaux, peu différents de prismes à bases carrées. Ces prismes blanchâtres, qui sont disséminés et comme empâtés dans la roche, offrent une disposition des plns singulières, représentée fig. 40. La matière noire de la roche semble les avoir pénétrés et s'être mélangée avec leur propre substance, non uniformément, mais de manière à figurer sur la tranche des cristaux une sorte de mosaïque. On voit au centre et vers les quatre angles de la base de petits losanges de matière noire, unis entre eux par des lignes noires qui suivent les directions des diagonales.

Fig. 40.

Prehnite, Épidote, Axinite.

Les trois substances dont nous allons parler se rencontrent en veines dans les granites du Dauphiné, et les deux premières se sont offertes en outre dans quelques roches amygdaloïdes. La *prehnite* est un minéral vitreux, le plus souvent verdâtre, d'un éclat un peu gras, et qui cristallise en prismes droits rhomboïdaux. Ces prismes, en se groupant, affectent la disposition en éventail, et forment souvent des masses à surface courbe et conchoïdale. L'*épidote* est un minéral vitreux, d'un vert jaunâtre foncé, qui cristallise en longs prismes obliquangles, formant des masses aciculaires ou fibreuses. L'*axinite* est une autre substance vitreuse, le plus souvent violette, dont les cristaux présentent la forme de prismes irréguliers, très-amincis, et à bords tranchants comme le fer d'une hache. Elle est souvent mêlée de la substance verte pulvérulente appelée *chlorite*.

Gemmes ou pierres précieuses.

Les *gemmes* ou *pierres précieuses*, dont la plupart se rencontrent en cristaux disséminés ou implantés dans les roches primitives, quelquefois en morceaux roulés dans les terrains de transport, joignent à la rareté, qui les rend toujours d'un prix assez élevé dans le commerce, des qualités réelles qui les ont fait rechercher de tout temps comme objets de luxe et de parure. Elles ont souvent sous un petit volume une grande pesanteur spécifique, une dureté considérable qui leur permet de prendre et de conserver longtemps le poli et la forme qu'on leur a donnés, de brillantes couleurs jointes à un vif éclat et quelquefois à une parfaite limpidité. Les pierres précieuses les plus répandues dans le commerce se rapportent à un petit nombre d'espèces minérales, qui sont presque toutes des silicates, et que nous allons successivement passer en revue : quelques-unes appartenant au feldspath et au quartz ont déjà été mentionnées à l'article de ces espèces.

Lapis.

Le *lapis* ou *lazulite* est une pierre d'un bleu d'azur, opaque, à cassure mate et à grain fin, fusible et soluble en gelée dans les acides ; on en retire, par l'analyse, de la silice, de l'alumine et de la soude. Elle est souvent entremêlée de veines blanches de quartz, de feldspath ou de calcaire, et de veines jaunes de pyrite (fer sulfuré). Cette substance est rare : on la trouve en veines dans le granit et autres roches du sol primordial. Le lapis, d'un bleu vif et exempt de taches, est recherché par les artistes qui le travaillent en forme de plaques; mais le principal usage de cette pierre est de fournir à la peinture cette belle couleur bleue, connue sous le nom d'*outremer*, qui produit de si grands effets sur la toile, et qui est presque inaltérable. Pour la préparer, on broie la pierre, et on la réduit en poudre fine que l'on mêle avec de la résine pour en former une pâte, on enferme cette pâte dans un linge, et on la pétrit sous l'eau. Le liquide se charge alors de particules colorantes très fixes qu'il tient en suspension. La première eau est rejetée, parce qu'elle ne présente qu'une matière grisâtre; la seconde donne l'outremer de première qualité; les eaux suivantes offrent des outremers d'une teinte plus pâle, et qui va toujours en s'affaiblissant jusqu'à la dernière.

Turquoise.

La *turquoise* (calaïte) est une pierre opaque et compacte, d'un bleu céleste ou d'un vert céladon, colorée par l'oxyde de cuivre; elle est moins dure que le quartz. On doit distinguer deux sortes de turquoises : la turquoise dite de *vieille roche* ou *orientale*, qui est une véritable pierre, c'est la plus recherchée dans le commerce; et la turquoise de la *nouvelle roche* ou *occidentale;* cette dernière n'est autre chose qu'un os fossile, pénétré de phosphate de fer. Les turquoises ont une teinte assez agréable : on les taille en cabochon, et on les monte avec un entourage de diamants ou de rubis. Les turquoises de la nouvelle roche sont moins estimées, parce qu'elles perdent de leur teinte à la lumière.

Zircon.

Le *zircon* est un minéral composé de silice et de zircone, dur, infusible, à cassure vitreuse, et s'offrant toujours cristallisé, sous la forme d'octaèdre ou de prisme droit à base carrée, plus ou moins modifié. Il a un éclat ordinairement gras, ou tirant sur celui du diamant; il possède la double réfraction à un très-haut degré; c'est de toutes les pierres précieuses celle qui a la plus grande pesanteur spécifique. On le trouve, comme la plupart des gemmes, en cristaux disséminés dans les roches massives (les syénites, les basaltes), ou dans les terrains meubles (sables de Ceylan, d'Expailly en France). On en distingue deux variétés principales : 1° le zircon orangé-brunâtre (ou *hyacinthe*), dont la couleur se perd par l'action du feu; 2° le zircon incolore, ou jaune verdâtre (le *jargon*). Les cristaux de zircon sont trop petits pour qu'on en fasse un grand usage. Presque toutes les pierres qui circulent dans le commerce sous le nom d'*hyacinthes* appartiennent à une espèce de grenat.

Grenat.

Les pierres qui portent le nom de *grenat* sont composées de silice, d'alumine et d'une troisième base qui varie dans les grenats de couleur différente. Considérées sous le rapport de la composition chimique, elles forment donc plusieurs espèces, qui peuvent se mélanger dans la même masse; mais, à la couleur près, tous les grenats ont la plus grande ressemblance extérieure : ils ont un aspect vitreux, et sont toujours cristallisés en dodécaèdres rhomboïdaux ou en solides à 24 faces trapézoïdales (fig. 41). Ils ont la réfraction simple, sont tous fusibles en émail, et assez durs pour rayer le quartz. Il y a des grenats verts (*grossulaires*), des grenats bruns et opaques, des grenats noirs (*mélanites*) ; mais les grenats les plus communs sont rouges, et plus ou moins transparents. On distingue parmi ceux-ci le grenat rouge de feu ou de coquelicot (le *pyrope* ou

Fig. 41.

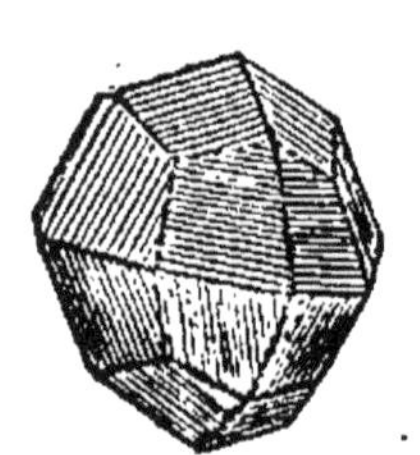

grenat de Bohême); le grenat d'un rouge violet ou pourpré (*almandin*, le *grenat noble* ou *syrien*); le grenat rouge-orangé (la *vermeille* ou *grenat hyacinthe*). Les grenats sont disséminés en abondance dans plusieurs roches de cristallisation, et surtout dans les gneiss et les micaschistes : on en trouve aussi dans des tufs volcaniques. Les grenats syriens et vermeils sont assez estimés dans le commerce, mais tous les autres grenats ont en général peu de valeur : ces grenats communs se taillent en perles, en cabochons, en grains à facettes, que l'on perce pour en faire des colliers et des bracelets.

Il est un autre minéral qui paraît avoir une composition chimique analogue à celle des grenats, mais dont les formes cristallines appartiennent à un système cristallin différent, celui du prisme droit à base carrée. Ce minéral est l'*idocrase*, appelée aussi *vésuvienne*, parce qu'elle est commune dans les roches ou agrégats cristallins qui ont été rejetés anciennement par le Vésuve. C'est une substance dure, vitreuse, fusible comme le grenat, de couleur brune, verte ou bleuâtre. On la trouve quelquefois à l'état granulaire ou compacte, en petites couches ou veines, dans le terrain de micaschiste. L'idocrase brune du Vésuve est susceptible de prendre un poli assez vif, et d'être employée dans la bijouterie.

Tourmaline.

La *tourmaline* est une substance à cassure vitreuse, fusible avec plus ou moins de difficulté, d'une dureté à peine supérieure à celle du quartz, très-électrique par la chaleur, se présentant toujours cristallisée, et le plus souvent disséminée en cristaux prismatiques ou cylindroïdes très-allongés, dans les roches de la période primitive (granit, gneiss et micaschiste). Ces cristaux dérivent d'un rhomboèdre, ils n'offrent aucun clivage bien apparent; ce qui les rend remarquables, c'est la propriété qu'ils ont de s'électriser fortement par l'action de la chaleur, et d'acquérir des pôles de vertu contraire. Ce sont des silicates doubles, qui renferment une petite quantité d'acide borique, et qui sont colorés diversement par les oxydes de fer et de manganèse. On distingue des tourmalines brunes ou noirâtres (*schorls*), des tourmalines transparentes, d'un vert sombre (*émeraudes du Brésil*), des tourmalines d'un bleu indigo (*indicolithes*), des tourmalines d'un rouge violet (*rubellites*). Cette dernière exceptée, les tourmalines ont peu de valeur, à cause de leur peu de dureté et de leur faible éclat.

Péridot.

Le *péridot* est une substance vitreuse, d'un vert tirant sur le jaunâtre, infusible, moins dure que le quartz, s'offrant, lorsqu'elle est cristallisée, sous la forme de prismes droits rectangulaires, plus ou moins modifiés sur les bases : elle est composée de silice, de magnésie et d'oxyde de fer. On distingue, sous le rapport de la texture, deux variétés principales de péridot : la *chrysolithe*, qui est le péridot cristallisé, vitreux et de couleur verte, et l'*olivine*, qui est un péridot granulaire de couleur variable, par suite des altérations qu'il a subies. La chrysolithe ne s'est encore trouvée qu'en cristaux généralement peu volumineux, et l'on ignore son véritable gisement. La plupart des péridots cristallisés nous viennent du Levant, par le commerce de Constantinople ; ils fournissent une pierre peu estimée, à cause de son faible éclat et de son peu de dureté. L'olivine se présente en grains ou en masses grenues plus ou moins considérables, de couleur vert-jaunâtre quand la substance n'est pas altérée, mais passant au jaune-verdâtre, au rougeâtre et au noirâtre, par suite des décompositions qu'elle éprouve. Elle appartient aux basaltes et autres roches analogues. On ne la connaît encore que dans les terrains ignés, où elle est caractéristique du basalte. Elle forme quelquefois dans cette roche des masses nodulaires de la grosseur de la tête.

Émeraude.

L'*émeraude* est une substance vitreuse, cristalline, plus dure que le quartz, et fusible en verre blanc au chalumeau. Elle est composée essentiellement de silice, d'alumine et de glucine. Elle cristallise en prismes hexaèdres réguliers, et gît en cristaux implantés ou disséminés dans les roches du terrain micaschiste. Elle est tantôt d'un vert pur, couleur due à l'oxyde de chrome (émeraude proprement dite, du Pérou et de l'Égypte); tantôt d'un bleu verdâtre, ressemblant à la teinte de l'eau de mer (*aigue-marine* de Sibérie); tantôt jaune ou incolore (*béryl*). Les émeraudes d'un vert pur sont très-estimées et recherchées, dans les arts d'ornement, pour le charme de leur couleur. Une des plus célèbres est celle qui orne le sommet de la tiare du Souverain-Pontife : elle a 5 centimètres de longueur sur 33 millimètres de diamètre. On trouve en France, près de Limoges, des émeraudes opaques (béryls) d'un volume considérable; mais elles n'ont aucun prix aux yeux des amateurs.

Topaze.

La *topaze* est une substance vitreuse, assez dure pour rayer le quartz, infusible, douée de la double réfraction, toujours cristallisée, et se clivant avec une netteté remarquable dans une seule direction perpendiculaire à l'axe des cristaux. L'éclat du plan de clivage est si vif, qu'il suffit pour faire reconnaître une topaze. Ses formes cristallines se rapportent aux prismes droits à base rhombe ou rectangle. La figure 42 représente une des formes les plus communes de la topaze du Brésil. Elle est composée de silice, d'acide fluorique et d'alumine. Les cristaux de topaze se présentent de deux manières dans la nature : ou implantés dans les cavités des roches massives granitoïdes ; ou en morceaux roulés dans les alluvions anciennes, avec les substances précédentes. Ces cristaux sont ordinairement des prismes surchargés de stries longitudinales, et terminés tantôt par des sommets en coin ou en biseau (topazes du Brésil et de Sibérie), ou par des faces horizontales, entourées d'un anneau de facettes obliques (topaze de Saxe). La topaze est quelquefois incolore et limpide : telle est celle que les Portugais nomment *goutte d'eau*,

Fig. 42.

et que l'on trouve en morceaux roulés, au Brésil ; elle a un éclat assez vif quand elle est parfaite et taillée convenablement, et l'on a même essayé plusieurs fois de la faire passer pour un diamant de qualité inférieure. Il y a des topazes d'un bleu céleste, qui ressemblent beaucoup aux aigues-marines (voyez page 146); mais la couleur par excellence de la topaze est le jaune, qui varie depuis le jaune de paille (topaze de Saxe) jusqu'au jaune foncé ou jaune roussâtre (topaze du Brésil). On parvient à changer cette teinte roussâtre en un rose assez vif, en faisant chauffer les topazes dans un bain de sable; on obtient ainsi ce que les lapidaires nomment des *topazes brûlées*. Les topazes dont nous venons de parler (qu'il ne faut pas confondre avec les corindons jaunes dits *topazes orientales*), sont beaucoup trop communes pour avoir une grande valeur dans le commerce.

Spinelle.

Le *spinelle* est un minéral d'une dureté très-grande, presque égale à celle du corindon, et d'un éclat vitreux très-vif. Il est infusible, et se compose essentiellement d'alumine et de magnésie. Il ne s'est offert qu'à l'état cristallin et sous des formes dérivées de l'octaèdre régulier; on le trouve en cristaux ordinairement fort petits, disséminés, soit dans les roches massives, soit dans les terrains meubles, comme la plupart des autres gemmes. Il fournit à la joaillerie deux variétés de pierre rouge ou de rubis, qu'on nomme *rubis spinelle* et *rubis balais*, et qui ne diffèrent entre elles que par le ton de leur couleur. Le rubis spinelle (coloré par l'oxyde chromique) est d'un rouge ponceau; le rubis balais est d'un rouge de rose intense ou d'un rouge violâtre faible, avec une teinte laiteuse. Le spinelle occupe un des premiers rangs parmi les pierres précieuses, à cause de sa grande dureté et de son vif éclat. Quand il pèse au delà de quatre karats (ou $0^{gr},84$), il vaut, dit-on, la moitié d'un diamant de même poids.

Corindon.

Le *corindon* est de l'alumine pure et cristallisée. Il est infusible, et c'est le minéral le plus dur après le diamant. Les formes de ses cristaux se rapportent presque toutes au prisme hexaèdre régulier et à la double pyramide hexaèdre. Le clivage n'est facile que dans une partie des cristaux, et il a lieu parallèlement aux faces d'un rhomboèdre; dans les autres, il est à peine sensible.

On distingue quatre variétés principales de

corindon, dont trois sont relatives à la structure, et la quatrième est une variété de mélange : 1° le *corindon hyalin*, qui est transparent et à cassure vitreuse, incolore ou diversement coloré ; 2° le *corindon lamelleux* (ou spath adamantin), translucide ou opaque, à cassure lamelleuse et divisible en fragments rhomboïdaux ; 3° le *corindon compacte*, à cassure terne ; 4° le *corindon grenu ferrifère*, vulgairement nommé *émeri*. Le corindon hyalin comprend tous les cristaux transparents auxquels on donne le nom de *pierres orientales ;* ses couleurs sont vives et variées, et, vu sa grande dureté et l'intensité de son éclat, il fournit au commerce de la joaillerie un grand nombre de pierres fines, dont quelques-unes sont presque estimées à l'égal du diamant, lorsqu'elles jouissent de toute leur perfection. Les plus remarquables sont le corindon hyalin d'un rouge cramoisi (ou *rubis oriental*); le jaune pur (ou *topaze orientale*, qu'il ne faut point confondre avec la topaze ordinaire) ; le bleu d'azur (ou *saphir oriental*) ; le violet pur (ou *améthyste orientale*); l'*astérie*, ou corindon d'un bleu clair à reflets blanchâtres qui forment une espèce d'étoile lorsque la pierre est taillée en cabochon. Le corindon hyalin n'a été trouvé jusqu'ici qu'en cristaux roulés dans les sables des anciennes alluvions, principalement dans l'Inde; on en a découvert en France, dans le ruisseau d'Expailly, près de la ville du Puy en Velay, mais ils sont très-rares. Les corindons adamantins sont disséminés au milieu des granits et des micaschistes dans diverses parties de l'Inde, et aussi, mais plus rarement, en Europe, dans les Alpes du Saint-Gothard. Le corindon mêlé de fer, ou l'émeri, qui est de couleur rougeâtre ou gris bleuâtre, opaque et à cassure grenue, se trouve dans le micaschiste, en Saxe et dans l'île de Naxos, en Grèce. On sait que sa poudre est d'un grand usage dans les arts, pour polir les métaux, les glaces et les pierres fines.

Diamant.

Ce minéral appartient à la classe des combustibles, car il n'est formé que de carbone pur; mais ses propriétés extérieures le rapprochent des substances pierreuses et surtout des pierres fines, à la tête desquelles on est dans l'habitude de le placer. Il est le plus dur, le plus brillant des minéraux, et l'un des plus limpides, et cependant, sous le rapport de sa composition chimique, il s'identifie avec le charbon, qui est un corps friable, noir et opaque. Mais comme il ne brûle qu'avec une extrême difficulté, et que d'ailleurs il jouit au plus haut degré des qualités qui font rechercher certaines pierres comme objets de richesse et d'ornement, il est placé convenablement à la tête du groupe des pierres précieuses.

Le diamant est le plus dur des minéraux connus, c'est-à-dire qu'il les raye tous et n'est rayé par aucun, mais il est en même temps très-fragile; un léger choc suffit souvent pour le briser. Il réfracte fortement la lumière, mais sans doubler les images des objets; son éclat est des plus vifs, et, sous certains aspects, se rapproche de celui de l'acier poli. Il est toujours cristallisé et divisible par un clivage facile en octaèdre régulier; on le trouve en cristaux isolés, sous la plupart des formes du système du cube, et plus particulièrement sous celles de l'octaèdre, d'un solide à vingt-quatre faces (fig. 43), et d'un solide à quarante-huit

Fig. 43.

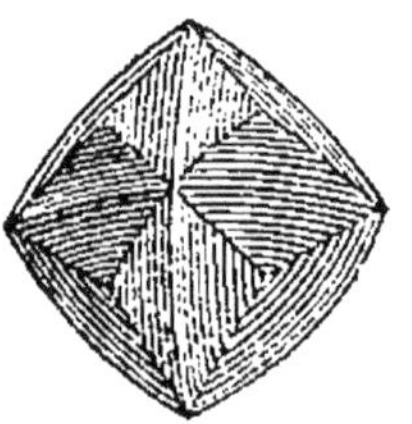

Fig. 44.

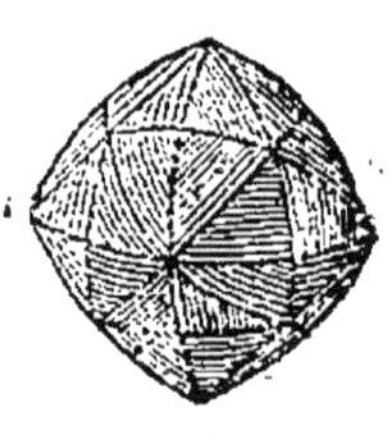

faces (fig. 44); mais presque toujours les faces de ces cristaux sont déformées par des arrondissements provenant d'une cristallisation imparfaite. Les diamants à faces bombées sont connus sous le nom de diamants sphéroïdaux. Les diamants sont le plus souvent sans couleur; en en connaît cependant de jaunes, de verts, de roses, de bleus et même de noirâtres. Les roses sont les plus recherchés parmi les diamants colorés; mais on leur préfère en général les diamants limpides, lorsqu'ils sont d'une belle eau, et qu'aucune gerçure ne les dépare. Tous les diamants répandus dans le commerce viennent de l'Inde et du Brésil; on les trouve toujours disséminés dans des terrains d'alluvion anciens, situés à peu de profondeur au-dessous du sol, formés d'un sable ou d'un poudingue quartzeux à ciment ferrugineux. Depuis peu de temps on a découvert des diamants dans un gisement tout semblable en Sibérie, au milieu des alluvions aurifères de l'Oural. Pour extraire les diamants de la roche arénacée qui les contient, on commence par briser celle-ci, puis on en lave les fragments au moyen d'un filet d'eau, pour les débarrasser des parties terreuses qui les encroûtent; on enlève ensuite les cailloux les plus grossiers, et l'on fait à la main le triage du gravier restant.

Le diamant doit tous ses feux et tout son éclat à l'opération de la taille et du poli; car les diamants bruts sont toujours plus ou moins ternes. Pour le tailler, le lapidaire profite de la propriété qu'a ce minéral de se laisser cliver, et, comme aucune autre substance n'est capable de l'attaquer par le frottement, il ne parvient à l'user et à le polir qu'à l'aide de sa propre poussière. Il y a deux manières principales de tailler le diamant à facettes : la *taille en brillant* et la *taille en rose*. Le brillant offre en dessus une grande face plane, entourée d'un double rang de facettes obliques, tandis que la partie inférieure est épaisse et garnie de facettes inclinées, qui se réunissent en un point commun. La rose à sa partie supérieure très-saillante et taillée en pyramide; le dessous est plat : cette forme, qui convient aux diamants minces, est loin d'offrir l'éclat du brillant. Les diamants sont en général d'un petit volume; leur valeur commerciale dépend à la fois de leur degré de perfection et de leur grosseur. On évalue le poids des diamants en karats (le karat valant $0^{gr},21$). Un diamant d'un seul karat vaut 250 fr.; un diamant de deux karats, 1000 fr.; de trois karats, 1800 fr.; de six karats, 5000 fr. On voit que le prix augmente dans une proportion plus rapide que le poids.

Parmi les diamants taillés les plus célèbres sous le rapport du volume et de la perfection, on doit citer en première ligne le *Régent*, qui appartient à la couronne de France, et qui pèse 136 karats; il est taillé en brillant et n'a aucun défaut : aussi passe-t-il pour le plus beau diamant que l'on connaisse. Vient ensuite le diamant du Grand-Mogol (le *Koh-i-Noor*), que le roi de Lahore possédait il y a quelques années, et qui appartient aujourd'hui à la reine d'Angleterre. A l'état brut, il pesait 279 karats; il a été réduit par la taille à 122. Tout le monde sait l'usage que l'on fait des pointes de diamant pour couper le verre ou pour graver sur les corps durs. On se sert aussi de sa poudre pour user, tailler et polir beaucoup de pierres précieuses.

III. DES MÉTAUX USUELS

ET DE LEURS PRINCIPAUX MINERAIS.

Les *métaux* proprement dits, c'est-à-dire les corps simples qui se présentent naturellement à l'état métallique, ou s'y ramènent plus ou moins facilement au moyen du charbon, ont pour caractères communs, d'être opaques en masse, d'avoir, jusque dans leurs plus petites parties, un éclat qui leur est propre, de posséder une grande densité, supérieure en général à celles de toutes les pierres, de recevoir un beau poli, d'être bons conducteurs de la chaleur et du fluide électrique, etc. Ils forment la classe de corps la plus importante, puisqu'on les emploie dans presque tous les arts nécessaires à la vie, qu'ils servent à fabriquer les instruments sans lesquels la plupart de ces arts n'existeraient pas, et qu'ils sont ainsi l'une des causes les plus actives du progrès des sciences et de la civilisation. Les métaux se rencontrent rarement purs (ou à l'*état natif*) dans les couches minérales du globe ; on les trouve plus communément à l'état de *minerais*, c'est-à-dire de combinaisons avec les principes minéralisateurs (l'oxygène, le soufre, le chlore, l'arsenic, etc.); quelquefois, mais beaucoup plus rarement, à l'état de *sels* (carbonates, sulfates, etc.). Ces minerais sont tantôt en amas puissants, ou simplement disséminés en veines et en rognons, dans les roches de cristallisation et les terrains de sédiment les plus anciens, tantôt ils se trouvent dans les filons, qui traversent les mêmes couches. La plupart des minerais métalliques exigent certaines préparations mécaniques, et une ou plusieurs fusions, pour que l'on puisse en retirer les métaux qu'ils renferment. L'art qui consiste à épurer les minerais, et à en extraire les métaux dans l'état où ils sont immédiatement applicables à nos besoins, se nomme *métallurgie*. Dans l'examen rapide que nous allons faire des métaux usuels et de leurs principaux minerais, nous les rangerons suivant l'ordre de leur plus grande utilité.

Le fer.

Le *fer* est sans contredit le métal dont l'industrie humaine retire le plus d'avantages, et il est répandu dans la nature avec une abondance proportionnée à son utilité. Le fer pur est d'un gris métallique tirant sur le bleuâtre : il ne fond qu'à une température excessivement élevée, mais il se ramollit aisément au feu de forge ordinaire, et peut recevoir alors toutes les formes imaginables. Il est ductile et se laisse réduire en fil d'un petit diamètre. Il est très-tenace, et jouit au plus haut degré de la propriété magnétique : aussi est-il l'âme de la boussole, cet instrument si précieux pour l'art nautique.

Le fer à l'état natif ou presque pur n'existe point dans les roches qui composent l'écorce terrestre ; on ne le trouve qu'accidentellement à sa surface, en masses presque toujours peu volumineuses, qui sont le produit des incendies de houillères ou des météores ignés. Il est disséminé en grains dans ces pierres nommées *aérolithes*, que l'on voit quelquefois tomber de l'atmosphère, où elles apparaissent sous la forme d'un globe de feu qui fait explosion. On le trouve aussi en masses assez considérables, composées presque entièrement de fer métallique, auquel s'allie toujours une certaine quantité de nickel et de chrome. On regarde ces masses, qui sont isolées et à la superficie du sol, comme tombées de l'atmosphère, aussi bien que les aérolithes. On a en effet constaté la chute de plusieurs d'entre elles, entre autres de celle d'Agram, en Croatie. Une des plus célèbres est celle que Pallas a observée en Sibérie, qui pesait plus de 800 kilogrammes, et qui était toute criblée de cavités remplies d'une matière vitreuse analogue au péridot. On en a trouvé, dans l'Amérique du Sud, qui pesaient plus de 15 000 kilogrammes.

Tout le fer employé dans les arts provient de différents minerais, qui sont des oxydes, des hydrates ou des carbonates de fer. Les minerais exploités se rapportent à quatre espèces : le *fer magnétique* (ou oxydulé), le *fer oligiste* (ou fer oxydé rouge), le *fer hydroxydé* et le *fer spathique* (ou carbonate de fer).

Le *fer magnétique* ou fer oxydulé est d'un noir brillant en masse, et d'un noir pur en poudre; il cristallise en octaèdre régulier, et agit fortement sur l'aiguille aimantée, sans qu'on ait besoin de le chauffer. On le trouve en masses à structure grenue, mêlées souvent de fer oligiste, et en masses compactes ou terreuses, formant des amas considérables dans les terrains schisteux primitifs. La variété terreuse est souvent douée du magnétisme polaire, et c'est elle qui porte spécialement le nom de mine ou de pierre d'aimant. Le fer magnétique est très-riche en métal, se traite avec la plus grande facilité, et donne un fer de la meilleure qualité. C'est avec ce minerai provenant des mines de Suède et de Norwége que les Anglais fabriquent leur excellent acier. Les exploitations les plus importantes de ce minerai dans le royaume de Suède sont celles de Taberg en Smœland, de Dannemora en Upland, de l'île d'Utoë, de Gellivara en Laponie, d'Arendal en Norwége, etc. On exploite un minerai semblable à ceux de Suède à Cogne et à Traverselle en Piémont. En France il n'est l'objet d'aucune exploitation. Ce minerai se rencontre souvent sous forme arénacée dans les rivières et sur les bords des mers : dans le royaume de Naples, ce sable ferrugineux est assez abondant pour être employé dans les usines à fer.

Le *fer oligiste* (vulgairement *fer de l'île d'Elbe*, *fer oxydé rouge*) est le fer au maximum d'oxydation. Il est d'un gris d'acier en masse lorsqu'il n'offre pas la texture terreuse, et toujours d'un rouge foncé lorsqu'on le réduit en poussière. Il agit très-faiblement sur l'aiguille aimantée; il se présente le plus ordinairement en masses compactes, dont les cavités sont tapissées de cristaux dérivant d'un rhomboèdre aigu de 86°, et remarquables dans le plus grand nombre des cas par leurs belles couleurs irisées. La figure 45 représente l'une des formes les plus ordinaires. On le trouve aussi en cristaux aplatis ou en lamelles brillantes dans les laves de Stromboli, dans les trachytes et les laves des volcans éteints de l'Auvergne. On donne à cette variété le nom de *fer spéculaire*, parce que son poli vif lui fait répéter les objets à la manière des miroirs métalliques. C'est à cette espèce qu'appartiennent les fers oxydés rouges en masses compactes, et les variétés connues sous les noms d'*hématite* et d'*ocre rouge*. L'hématite ou sanguine est en masses mamelonnées, à texture rayonnée et fibreuse comme celle du bois; elle fournit la pierre à brunir, dont on se sert pour polir les métaux. C'est un minerai riche qui donne d'excellente fonte; malheureusement il est rare en France, où on ne le connaît guère qu'à Baigorry dans les Basses-Pyrénées. L'ocre rouge est un fer oligiste terreux, souvent mêlé d'argile, qui

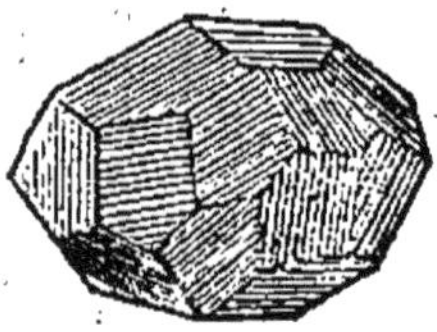

Fig. 45.

fournit le crayon rouge des dessinateurs : les variétés solides, que l'on emploie brutes dans certaines circonstances, sont aussi désignées communément par le nom de *sanguines*. Les exploitations les plus célèbres de fer oligiste sont celles de l'île d'Elbe et de Framont dans les Vosges. La première est très- ancienne; du temps de Virgile, les mines de l'île d'Elbe passaient pour inépuisables, et elles sont encore excessivement riches. La France possède en outre un gîte important de fer oxydé rouge compacte, à Lavoulte, dans le département de l'Ardèche. Le fer oligiste forme aussi des couches puissantes au Brésil, où il est mélangé avec le quartz.

Le *fer hydroxydé* est un minéral brun ou jaune de rouille, qui se distingue du précédent par l'eau qu'il contient, et par la couleur jaune de sa poussière. C'est à cette espèce que se rapportent presque tous les minerais de fer de la France. On distingue parmi ses variétés : le mamelon fibreux (hématite brune), à surface brune, recouverte souvent d'un vernis luisant ou irisé; le compacte d'un brun foncé, qui se présente en couches assez puissantes; le géodique ou globuleux creux (ætite ou pierre d'aigle); le pisolithique ou granuliforme (fer en grains), en globules bruns, libres ou réunis par un ciment argileux; le limoneux (fer d'alluvion ou de marais) en masses ocreuses d'un jaune de rouille.

Le fer hydroxydé hématite a la propriété de donner de l'acier de forge, comme le fer spathique dont nous allons parler, et qu'il accompagne ordinairement. On l'exploite à Rancié dans l'Ariége, dans les Pyrénées et dans le Dauphiné. Le fer en grains est pour la France une source inépuisable de richesses. Il forme un dépôt presque superficiel, généralement de mince épaisseur, mais qui s'étend sur des provinces entières; c'est surtout dans les contrées où le calcaire oolithique constitue le sol qu'on le trouve en plus grande abondance. Il est déposé à la surface, ou remplit des fentes ou des cavités assez irrégulières de ce calcaire. Il est commun surtout dans les départements de la Haute-Saône, de la Haute-Marne, du Haut-Rhin et de la Moselle. C'est lui qui alimente les usines de la Normandie, du Berry, de la Bourgogne, de la Franche-Comté, et entre autres la célèbre fonderie du Creusot. On trouve aussi au milieu des calcaires oolithiques un fer hydroxydé qu'on peut appeler lui-même oolithique : celui-ci se distingue du pisolithique en ce qu'il est en couches régulières; il contient souvent des coquilles fossiles, et donne un fer de mauvaise qualité. Le fer limoneux n'est point exploité en France, mais il l'est en Allemagne, et surtout dans le nord de l'Europe.

Le *fer carbonaté* est d'un gris jaunâtre, et forme des masses tantôt cristallines, tantôt compactes et terreuses, qui s'altèrent plus ou moins facilement par une longue exposition à l'air, devenant d'abord noires, puis brun-jaunâtres, et se changeant ainsi en fer hydraté. La variété à structure cristalline est connue particulièrement sous le nom de *fer spathique* et de *mine d'acier*. Elle cristallise comme le calcaire spathique, se clivant aisément dans trois sens, et donnant par là des rhomboèdres qui se rapprochent beaucoup par la mesure de leurs angles de ceux du carbonate de chaux. Ce minerai est riche en fer, très-facile à fondre, et donne directement de l'acier. Il existe en filons à Baigorry dans les Basses-Pyrénées, et alimente de nombreuses forges catalanes dans les départements voisins. Il est aussi en grandes masses à Allevard, dans le département de l'Isère, et sert à la fabrication de l'acier de Rives. Le fer carbonaté terreux ou lithoïde est appelé *fer des houillères*, parce qu'on le trouve en couches, et le plus souvent en rognons au milieu des argiles ou des grès du terrain houiller. Ce minerai, quoique d'une valeur intrinsèque assez faible, est néanmoins très-précieux à cause de son abondance, et parce qu'il est dans le voisinage d'un combustible que l'on peut employer à son traitement métallurgique. C'est presque le seul minerai de fer des Anglais, dont les usines à fer livrent annuellement une quantité de produits double de celle que donnent toutes les forges de France. Il existe aussi en très-grande abondance en France, à Saint-Étienne, département de la Loire ; à Aubin, département de l'Aveyron, et à Anzin, département du Nord. Enfin, on l'exploite depuis longtemps en Allemagne, dans le Palatinat et la Silésie.

Tels sont donc les minerais employés à la fabrication du fer, savoir : le fer magnétique et le fer oligiste, dans les usines de la Suède et de la Norwége ; le fer hydroxydé en grains, et le fer carbonaté spathique dans celles de la France ; et le fer carbonaté lithoïde dans les nombreuses fonderies de l'Angleterre. De ces divers minerais, on retire le fer sous l'un des trois états suivants : l'état de *fonte*, l'état de *fer malléable* (fer forgé ou en barres), et l'état d'*acier*. Pour convertir le minerai dans l'un de ces produits, on le prépare à la fusion par des opérations diverses, telles que des lavages, des grillages, etc., qui ont pour objet de le désagréger, de le priver, autant que possible, des parties terreuses qu'il renferme, de chasser l'eau, l'acide carbonique, le soufre ou l'arsenic qu'il peut contenir, de le transformer en oxyde pur. Cela fait, on le porte dans un fourneau de fonte, appelé *haut-fourneau*, où on le met en contact avec un combustible charbonneux (charbon de bois, charbon de houille ou coke), et souvent avec un fondant argileux ou calcaire; puis on soumet le tout au feu, soutenu et animé par le vent d'une machine soufflante. Il se produit alors deux opérations : d'une part, la réduction au moyen du charbon de l'oxyde en matière métallique fusible, qui se rassemble dans le creuset du fourneau; et d'une autre part, la séparation des matières terreuses qui s'écoulent, sous la forme de scories, par une ouverture placée au bord supérieur du creuset. Lorsque le creuset est plein de fonte, on la coule dans des moules de sable, ou dans un sillon tracé sur le sol de la fonderie, en débouchant un trou que l'on a ménagé vers le fond du fourneau. La plus grande partie de la fonte ainsi obtenue sert à alimenter les forges, où on l'épure en la refondant pour l'amener à l'état de fer proprement dit; le reste, après avoir éprouvé souvent une nouvelle fusion dans des fours à réverbère, est coulé sur des moules de différentes formes, pour être employé immédiatement dans les arts ou l'économie domestique, et constitue la *fonte moulée* du commerce. La fonte est une matière métallique, fusible et cassante, composée de fer, de carbone et d'une quantité d'oxyde qui n'a pu être réduit. C'est avec cette matière qu'on exécute les marmites, les chenets et plaques de cheminée; les bombes, boulets, canons de rempart et caronadès; et les grandes constructions en fer, telles que ponts, chemins de fer, coupoles, etc. Malgré cette énorme consommation de la fonte en nature, l'opération qui en absorbe le plus est la fabrication du fer; car presque tout celui que l'on emploie dans les arts provient de la fonte qui a été *affinée* ou épurée avec du charbon dans un fourneau semblable à une forge ordinaire (fourneau d'affinage), et qu'on a ensuite étirée sous le martinet ou entre des cylindres. En remuant la fonte liquide, que l'on obtient à l'aide du charbon et du jeu des soufflets, on sent se former des grumeaux que l'on rassemble en une masse appelée *loupe*. Puis on soumet cette masse, pour en rapprocher les parties, à l'action du martinet ou des cylindres; et on finit par l'amener à l'état de fer forgé en pièces plus ou moins grosses. Quant à l'acier, qui est le troisième produit des minerais de fer, il se fait communément avec le fer forgé, que l'on tient longtemps soumis à une haute température dans des caisses de briques, bien fermées, où on l'a disposé par lits alternatifs avec de la poussière de charbon. L'acier produit de cette manière se nomme *acier de cémentation*. C'est une combinaison de fer et de carbone, qui se distingue de la fonte par une plus grande pureté, par la propriété de se laisser forger et limer, et d'acquérir un grand degré de pureté et d'élasticité par la trempe. L'acier de cémentation cassé en petits morceaux, que l'on place dans des creusets très-réfractaires, et chauffé fortement dans des fours à courant d'air, est susceptible de se fondre, et d'être coulé dans des lingotières. C'est ainsi qu'on se procure l'*acier fondu*, qui reçoit le plus brillant poli, et avec lequel on fabrique les rasoirs, les bijoux et les parures d'acier.

Lorsqu'on a des minerais riches et de facile fusion, tels que certaines hématites, et surtout les fers spathiques, on peut obtenir du fer malléable du premier feu et, par conséquent, économiser beaucoup de temps et de combustible, en évitant l'opération qui a pour but de changer le minerai en fonte. Pour cela, on place immédiatement celui-ci dans le creuset même de la forge, où l'on aurait affiné la fonte, si l'on avait suivi le procédé ordinaire. Ce nouveau procédé est usité depuis longtemps en Catalogne et dans les Pyrénées : il s'appelle *fonte à la catalane*.

La fonte qui provient de l'hématite et du fer spathique est susceptible de donner directement de l'acier, et non du fer, quand on la traite convenablement, en évitant de brûler tout le carbone qu'elle renferme. On voit donc que les minerais de fer peuvent produire immédiatement soit de la fonte, soit du fer ou de l'acier.

La France possède actuellement près de cent mines de fer proprement dites, dont soixante seulement sont en exploitation. Il existe environ cent forges catalanes en activité dans neuf départements voisins de la chaîne des Pyrénées ; et quatre cent soixante-dix hauts fourneaux, répandus dans quarante-six départements. Ceux où la fabrication du fer a le plus d'importance sont la Haute-Marne, la Haute-Saône, Saône-et-Loire, la Côte-d'Or, les Ardennes, la Moselle, la Meuse, la Nièvre, le Cher, le Doubs, l'Aveyron, la Dordogne, l'Indre et l'Eure. L'une des fonderies les plus vastes est celle du Creusot, département de Saône-et-Loire. Le moulage de la fonte s'exécute dans quarante-trois départements, parmi lesquels on doit citer en première ligne la Seine et le Rhône. Quant au travail du gros fer, il se fait dans de nombreuses usines, qui ont pour objet la fabrication du fil de fer, de la tôle, du fer-blanc, de l'acier, etc. Le nombre des ouvriers qui ont leur existence attachée à l'industrie du fer s'élève à plus de cent mille. Les usines à fer de la France livrent annuellement près d'un million de quintaux métriques [1] de fer forgé, de fonte et d'acier, dont la valeur est de soixante-dix millions de francs. Les usines à fer de l'Angleterre fournissent annuellement au commerce deux millions cinq cent mille quintaux métriques de fonte moulée et de fer en barres, dont la valeur est de plus de cent millions de francs, c'est-à-dire presque égale à la moitié du produit de toutes les mines de l'Amérique espagnole. On voit que cette quantité de fer est à peu près le double de celle que livrent toutes les forges de France [2]. En Suède, le produit annuel est de plus de huit cent mille quintaux métriques. Enfin, on estime qu'en Europe le total du produit du fer qui se fabrique annuellement monte à près de sept millions de quintaux, dont la valeur est de plus de trois cents millions de

1. Le quintal métrique est de 100 kilogrammes.

2. La fonte et le fer sont d'un prix beaucoup plus élevé en France qu'en Angleterre. Le fer vaut à Paris 44 fr. le quintal métrique.

francs. Cette valeur dépasse de beaucoup celle du produit des mines d'or et d'argent de l'Amérique, qui, au commencement de ce siècle, ne s'élevait qu'à deux cent trente millions de francs.

Outre les minerais de fer proprement dits, dont il a été seulement question dans ce qui précède, il existe encore quelques autres espèces renfermant du fer, mais qui ne sont utiles qu'à raison du soufre, de l'arsenic ou même de l'or qu'elles contiennent en même temps. Telles sont les pyrites, que l'on trouve disséminées dans presque tous les terrains, et dont nous citerons les plus importantes. La pyrite jaune commune, ou *sulfure de fer cubique*, est d'un jaune de laiton, et cristallise en cubes, en octaèdres réguliers, en dodécaèdres à faces pentagonales. Elle se trouve fréquemment dans les filons métallifères, dans les schistes ardoises, et dans certaines argiles. Elle renferme quelquefois de l'or, et, dans ce cas, on l'exploite pour en retirer ce métal. La pyrite blanche, ou *sulfure de fer prismatique*, cristallise en prismes droits rhomboïdaux et en octaèdres rectangulaires, quoiqu'elle ait en apparence la même composition que la précédente. Elle est d'un jaune livide, tirant sur le verdâtre. Elle a une grande tendance à se décomposer à l'air, et à se transformer en vitriol ou sulfate de fer, sel qui est employé utilement dans la teinture et la fabrication de l'encre. On la trouve assez fréquemment dans la craie en masses globuleuses rayonnées. Elle est aussi disséminée en petits cristaux ou en points imperceptibles dans certains schistes et lignites, que l'on exploite pour en retirer de l'alun ou du sulfate de fer. La pyrite arsénicale, ou le *mispickel*, est un composé de soufre, d'arsenic et de fer, qui est d'un blanc d'argent, cristallise en prismes droits rhomboïdaux, et se distingue de l'espèce précédente en ce qu'il donne par le choc du briquet des étincelles accompagnées de l'odeur d'ail, tandis que la pyrite ferrugineuse ne répand dans le même cas que l'odeur sulfureuse.

Le plomb.

Le *plomb* est un métal d'un blanc bleuâtre, se ternissant à l'air et passant au gris livide ; mou, se laissant entamer par l'ongle, facile à réduire en lame, fusible à une faible chaleur, ayant une grande pesanteur spécifique. Il s'en faut de beaucoup cependant qu'il soit le plus lourd des métaux, comme on le croit assez généralement. Il pèse onze fois et un tiers autant que l'eau, c'est-à-dire un peu plus que l'argent, mais beaucoup moins que le mercure, l'or et le platine. Il est employé à de nombreux usages, soit à l'état de métal, soit à l'état d'oxyde (litharge, massicot, minium). La facilité avec laquelle il se laisse mouler, laminer et granuler, le rend extrêmement précieux par lui-même. Allié à l'antimoine, il sert à faire les caractères d'imprimerie ; allié à l'étain, il produit la soudure des plombiers. Ses oxydes sont employés dans la peinture et dans l'art de fabriquer le cristal et le flint-glass ; il fait la base de plusieurs sels utiles, tels que la céruse, l'acétate de plomb, etc. On ne connaît pas de plomb natif, mais il existe plusieurs minerais de plomb.

Le seul que l'on exploite est le *sulfure de plomb* ou la *galène :* il ressemble par la couleur et son éclat au plomb nouvellement coupé, mais il est fragile, et se divise facilement en cubes lorsqu'on frappe dessus. Chauffé au chalumeau, il dégage du soufre et se réduit en un globule de plomb. On en distingue deux variétés principales : la galène laminaire, en cristaux nets, cubiques, octaèdres, etc., ou en masses composées de lamelles entrecroisées dans tous les sens ; et la galène grenue, à grains fins comme celui de l'acier. La galène contient souvent de l'argent en quantité assez considérable pour qu'on l'exploite comme minerai de ce métal. Elle se trouve en amas ou en filons dans les terrains anciens, depuis le granit jusqu'aux argiles des terrains secondaires moyens. Le principal traitement qu'on fait subir à la galène pour en retirer le plomb, consiste à le fondre dans un four à réverbère, et à ajouter ensuite du fer, qui s'empare du soufre, et met le plomb en liberté.

La France possède plusieurs gîtes importants de minerai de plomb ; mais on n'exploite plus maintenant que les mines de galène de Poullaouen et Huelgoat en Bretagne, celles de Villefort et Viallaz dans la Lozère, et celles de Vienne en Dauphiné. Les premières sont les plus importantes ; la galène y est en filons, traversant des roches du sol intermédiaire. Elles occupent neuf cents ouvriers, et produisent cinq mille quintaux métriques de plomb par an. Le minerai de plomb de la Bretagne, et celui de Villefort, est une galène argentifère, dont on sépare l'argent par le procédé de la coupellation. Plusieurs autres exploitations importantes de galène argentifère, qui étaient autrefois florissantes, sont aujourd'hui abandonnées, quoique susceptibles d'être reprises : telles sont surtout les mines de La Croix, de Giromagny, et de Sainte-Marie, dans les Vosges. La France est obligée de tirer la plus grande partie du plomb qu'elle consomme de l'Angleterre ou de l'Allemagne. L'Angleterre est très-riche en mines de plomb, qui sont presque toutes situées dans des terrains calcaires : les principales sont celles de Cumberland, du Derbyshire, du pays de Galles, et de Leadhills, en Écosse. En Allemagne, la Carinthie, le Harz, la Saxe et la Prusse rhénane, offrent aussi des exploitations importantes. La Savoie possède la mine de Pesey, près Moustiers, où la galène est en amas dans des roches talqueuses. Elle a été célèbre pendant quelque temps par l'école pratique des mines que les Français y avaient établie. L'Espagne, enfin, possède aussi des mines de plomb assez nombreuses, dont les principales sont celles de Linarès, en Andalousie.

Le cuivre.

Le *cuivre* est un métal rougeâtre, très-ductile, sonore, attaquable par les acides les plus faibles, et même par l'humidité de l'air, qui le couvre d'un enduit vert redoutable par ses effets, et connu sous le nom de *vert-de-gris*. Allié au zinc, il donne le *cuivre jaune* ou le laiton; uni à l'étain, il forme l'*airain* ou le *bronze*, dont on fait des cloches, des canons, des statues. On trouve du cuivre métallique dans la nature, mais il est le plus souvent en petites masses ou sous forme de ramifications, de lames, de filaments qui accompagnent les minerais de ce métal. Ceux-ci sont assez nombreux; mais nous ne parlerons ici que des plus importants, qui sont : l'oxydule de cuivre, le sulfure de cuivre, le cuivre pyriteux, le cuivre gris, et les cuivres carbonatés. Tous ces minerais ont un caractère commun, qui consiste en ce que leur poussière, étant rougie sur une pelle à feu, et projetée ensuite dans l'eau forte (acide nitrique), communique une teinte verte à cette liqueur; une lame de fer polie, trempée ensuite dans ce liquide, se recouvre à l'instant d'une pellicule de cuivre.

Le *cuivre oxydulé* ou *cuivre rouge* est du cuivre au minimum d'oxydation, contenant quatre-vingt-neuf parties de cuivre sur cent. Cette substance est d'un rouge foncé très-vif; vitreuse et transparente, quand elle est cristalline ; et dans ce cas elle cristallise en octaèdres réguliers, recouverts quelquefois d'une croûte verte, qui est du carbonate de cuivre. On la trouve aussi en aiguilles et en masses informes, compactes ou terreuses. Elle est souvent mêlée d'oxyde de fer, et devient alors terne et d'un rouge de brique. Une variété compacte, qu'on nomme *piciforme*, est d'une couleur brune, jointe à un aspect de poix ou de résine. Le cuivre oxydulé ne se rencontre que dans les mines de cuivre pyriteux et de cuivre carbonaté.

Le *cuivre sulfuré* ou *cuivre éclatant* est un minéral d'un gris d'acier, avec une teinte bleuâtre à sa surface, d'une structure compacte, rarement lamelleuse, acquérant un vif éclat par la rayure. Il est fragile, et tellement fusible, qu'il fond à la flamme d'une bougie, quand il est en fragments. Ses cristaux, qui simulent assez communément des prismes hexaèdres réguliers, se rapportent à un prisme droit rhomboïdal. Les plus belles variétés viennent de Cornouailles, du Bannat et de la Sibérie, où elles accompagnent d'autres minerais de cuivre. Le cuivre sulfuré renferme souvent de l'argent.

Le *cuivre pyriteux* (pyrite cuivreuse) est un sulfure de cuivre et de fer; il est d'un jaune de bronze, tirant sur la couleur du cuivre doré, ou d'un jaune verdâtre. Sa surface s'altère fréquemment et prend un aspect irisé qui présente les nuances gorge de pigeon. Il cristallise en octaèdres, à base carrée, qui se rapprochent par la valeur de leurs angles de l'octaèdre régulier. C'est le minerai de cuivre le plus commun: il se trouve, comme la galène, en amas et en filons, dans les terrains anciens. Il existe un minéral, que l'on a confondu tantôt avec le cuivre sulfuré, tantôt avec le cuivre pyriteux, mais qui paraît devoir constituer une espèce à part, intermédiaire entre ces deux minerais : c'est le *cuivre panaché*, qui se distingue des autres minerais de cuivre par sa teinte d'un rouge brunâtre, et dont les cristaux ont été rapportés au système cubique.

Les *cuivres gris* ou *fahlerz* sont des composés de soufre, de cuivre, de fer, et d'un ou de plusieurs des métaux suivants, qui y entrent en proportions variables, l'arsenic, l'antimoine, l'argent et le plomb. Ils ressemblent au cuivre sulfuré par leur teinte d'un gris d'acier ; mais ils sont très-difficiles à fondre, même au chalumeau, et se trouvent fréquemment cristallisés sous la forme du tétraèdre régulier. L'argent s'y présente souvent en proportion assez forte pour qu'on puisse regarder la substance comme un minerai d'argent : elle constitue alors ce que les mineurs appellent l'*argent gris*. Le cuivre gris argentifère est assez commun dans la nature. On l'a trouvé abondamment dans les anciennes exploitations de Baigorry, d'Allemont, et de Sainte-Marie, en France. On l'exploite en Hongrie, en Transylvanie, en Saxe, dans la Souabe, au Cornouailles, etc.

Les *cuivres carbonatés* de la nature sont composés d'acide carbonique, de deutoxyde de cuivre et d'eau. On en connaît deux espèces : l'une d'un bleu d'azur, c'est l'azurite, dont il existe une mine en France, à Chessy, dans les environs de Lyon; l'autre, d'un vert foncé, c'est la *malachite*, substance qui se présente en masses mamelonnées à structure fibreuse, et que l'on travaille en Sibérie, où elle est abondante, pour en faire des vases et des meubles d'un grand prix.

Les principaux usages du cuivre à l'état métallique consistent dans la fabrication des vases domestiques et des chaudières propres aux usines, dans le doublage des vaisseaux et dans la couverture des édifices. Mais à l'état d'alliage avec le zinc ou avec l'étain il se prête à des emplois bien plus nombreux et plus variés. La France ne possède que les mines de Saint-Bel et de Chessy, près de Lyon, dont le produit est peu considérable. La première a même cessé d'être exploitée. Dans ces deux endroits se trouvent des veines de cuivre pyriteux, traversant un schiste talqueux. A Chessy, on a trouvé dans un terrain de grès qui recouvre ce schiste des couches contenant une grande quantité de cuivre carbonaté bleu, et de cuivre oxydulé, disséminés en rognons gros comme le poing, ou en couches plus ou moins petites. Les principales mines de cuivre de l'Europe sont : en Angleterre, celles de Cornouailles et de l'île d'Anglesey; en Sibérie, celles des monts Oural et Altaï; en Autriche, celles de la Hongrie, de la Transylvanie, etc.; dans le royaume de Suède, celles de Fahlun et de Rœras. Le Japon en possède aussi d'assez importantes, ainsi que le Mexique et le Chili.

Le traitement des minerais de cuivre qui ne sont point sulfurés est assez simple : il suffit de les chauffer avec du charbon dans un fourneau à réverbère. On obtient ainsi, non du cuivre pur, mais un cuivre noir que l'on soumet ensuite à l'opération du raffinage, qui est beaucoup plus délicate. Le cuivre affiné s'obtient sous la forme de plaques, appelées *rosettes*, d'une belle couleur rouge. Quant aux minerais sulfurés, on commence par les griller, afin de les débarrasser du soufre et d'avoir le métal à l'état d'oxyde, ce qui ramène au premier cas.

L'étain.

L'*étain* est un métal d'un blanc d'argent, se ternissant à l'air et passant au gris bleuâtre, très-fusible, plus dur et plus ductile que le plomb, développant une certaine odeur par le frottement, et faisant entendre, lorsqu'on le plie, un craquement qu'on nomme le *cri de l'étain*. C'est le plus léger des métaux usuels. Allié au plomb, il constitue la soudure des plombiers et ferblantiers. Réduit en lame mince et amalgamé avec le mercure il forme le *tain* dont on double les glaces pour en faire des miroirs. L'étamage ordinaire consiste dans une couche mince d'étain fondu appliquée sur le cuivre. Le *fer-blanc* n'est que de la tôle (ou fer laminé) recouverte de la même manière. C'est de l'*étain oxydé* que l'on retire tout le métal répandu dans le commerce. Ce minerai, qui est brun, souvent opaque et noir, avec un aspect gras ou un luisant qui approche de l'éclat métallique, est très-pesant et infusible. Il est souvent cristallisé sous des formes qui rappellent les octaèdres et prismes à bases carrées, et se trouve alors disséminé dans certains granits, et principalement dans la roche appelée *greisen*. Il se rencontre aussi en grains ou en morceaux roulés dans les anciens terrains d'alluvion. Quelquefois il s'offre en petites masses concrétionnées ou mamelonnées, et à structure stratiforme et comme fibreuse qui rappelle assez bien le tissu serré de certains bois. L'oxyde d'étain calciné acquiert une dureté très-considérable, et sert à polir les pierres et les autres corps durs; on lui donne le nom de *potée d'étain*. Ce même oxyde entre dans la composition des émaux blancs et des verres à transparence laiteuse, par lesquelles on cherche à imiter l'opale, le girasol, etc.

La France ne possède point de mines d'étain ; on a cependant trouvé des indices d'oxyde d'étain dans deux localités, à Vaulry, à six lieues de Limoges, et à Piriac, dans la Loire-Inférieure ; mais ce minerai n'y est point assez abondant pour devenir l'objet d'une exploitation. Les principales mines d'étain sont situées en Asie, dans l'île de Banca et la presqu'île de Malacca. Le Mexique est également très-riche en minerai d'étain, surtout dans les districts de Guanaxuato et de Zacatecas. Le minerai qu'on y exploite principalement est de l'étain concrétionné à l'état de sable ou de gravier. En Europe, les mines d'Angleterre, et surtout celles du Cornouailles, sont les plus importantes. L'étain oxydé s'y trouve en filons dans un schiste qui est en même temps traversé par des filons de cuivre. Après l'Angleterre, la Saxe et la Bohême présentent les gîtes d'étain les plus remarquables : ils sont tous situés dans l'Erzgebirge, chaîne de montagnes qui sépare les deux pays. Le traitement métallurgique de l'oxyde d'étain est fort simple, puisqu'il ne s'agit que de le griller et de le fondre avec le contact du charbon pour le réduire à l'état métallique.

Le zinc.

Le *zinc* est un métal d'un blanc bleuâtre, plus dur que l'étain, ductile, fusible, volatil et brûlant avec une flamme éblouissante, ce qui fait qu'il est employé dans la composition des feux d'artifice. Il ne s'est point encore offert à l'état natif, mais il existe dans plusieurs minerais, dont les principaux sont la *blende* et la *calamine*. La blende, ou le sulfure de zinc, est une substance de couleur jaune ou brune, très-éclatante, tendre et lamelleuse, remarquable par son clivage sextuple, qui donne pour noyau un dodécaèdre rhomboïdal. Elle accompagne presque constamment la galène dans les mines de plomb. La calamine est une pierre opaque ou translucide, de couleur blanche ou jaunâtre, ayant un aspect terreux et une structure ordinairement cariée : elle se compose tantôt de silicate de zinc, tantôt de carbonate du même métal, et le plus souvent des deux mêlés ensemble. On la trouve en dépôts assez considérables au milieu des calcaires de sédiments, à la Vieille-Montagne, près d'Aix-la-Chapelle. Le carbonate, quand il est seul, se distingue par l'effervescence qu'il fait dans les acides ; le silicate, au contraire, par la propriété qu'il a de s'y dissoudre en gelée.

La France possède quelques gîtes de minerai de zinc, mais jusqu'à présent aucun n'est exploité. Presque tout le métal que nous employons dans les arts est fourni par la Prusse et par l'Angleterre. Les principales exploitations de calamine sont celles des pays de Limbourg et de Juliers, de la haute Silésie, de la Carinthie et du Derbyshire. On n'employait autrefois ce minerai que pour convertir le cuivre rouge en laiton ; maintenant on s'en sert à Liége pour préparer le zinc métallique, que l'on est parvenu à laminer et à tirer à la filière, et que l'on substitue au plomb pour le doublage des baignoires, des réservoirs, etc., et pour la couverture des édifices. Le traitement métallurgique des minerais de zinc consiste dans la réduction en poudre de ces minerais, leur grillage dans des fourneaux à réverbère, et le traitement subséquent du minerai grillé par le charbon dans des creusets. Si l'on veut avoir du laiton, on ajoute au mélange la quantité de cuivre convenable ; si c'est le zinc à l'état métallique que l'on cherche, on opère, à cause de la facilité avec laquelle le zinc se volatilise et s'oxyde, dans des creusets ou des tubes de terre fermés par en haut, et communiquant seulement par une ouverture inférieure à un tube par lequel le métal s'échappe à mesure qu'il est réduit.

Le mercure.

Le *mercure* (vulgairement appelé *vif-argent*) est un métal blanc et liquide à la température ordinaire, pesant quatorze fois autant que l'eau, susceptible de se volatiliser quand on le chauffe fortement et pouvant dissoudre l'or et l'argent. Aussi le fait-on servir à l'extraction de ces métaux ; mais on l'emploie encore à d'autres usages importants, tels que la préparation de certains médicaments, la construction des baromètres et thermomètres, etc. On trouve dans la nature du mercure métallique, mais en très-petite quantité, en simples globules, dans les fissures des matières qui accompagnent le sulfure de mercure, le seul minerai qui soit exploité.

Le sulfure de mercure (ou le cinabre) est remarquable par sa belle couleur rouge et par la propriété qu'il a de se volatiliser complétement au feu. Sa variété terreuse, d'un beau rouge écarlate, porte le nom de *vermillon natif*. Il est quelquefois cristallisé en très-petits cristaux, ordinairement aplatis, lamelliformes, et qui paraissent dériver d'un rhomboèdre ; mais le plus souvent ils se présentent en masses grenues ou compactes, quelquefois en masses feuilletées ou testacées d'un rouge sombre passant au noir ; cette dernière variété, qui est bituminifère, est connue sous le nom de *mercure hépatique :* elle se rencontre en couches puissantes, et constitue l'un des principaux minerais de mercure. C'est du sulfure de mercure qu'on extrait ce métal, par un procédé très-simple qui consiste à distiller le minerai en le mettant en contact avec de la limaille de fer ou de la chaux. Le soufre s'unit au fer ou à la chaux, et le mercure seul se volatilise.

Les minerais de mercure n'existent guère que dans les couches qui commencent la série des terrains secondaires. C'est particulièrement dans les grès, dans les schistes calcaires bitumineux et dans les argiles schisteuses charbonnées qu'on les rencontre abondamment. On ne connaît en France que des indices de ce métal, à Ménildot, département de la Manche, à la Mure et Allemont, en Dauphiné. Les principales mines de mercure sont celles d'Idria, près de Trieste ; d'Almaden, dans la Manche, en Espagne ; du Palatinat, sur la rive gauche du Rhin ; de Huanca-Velica, au Pérou.

L'argent.

L'*argent* est un métal blanc, sonore, soluble dans l'eau-forte (acide nitrique), susceptible d'être réduit en fils d'une grande finesse, se laissant limer et couper avec facilité, ne fondant qu'à une haute température, et ne se ternissant pas dans l'air pur; pesant dix fois et demie autant que l'eau. Sa valeur varie entre 200 et 210 fr. le kilogramme. On le trouve, à l'état natif, sous la forme de filaments contournés ou de réseaux pénétrant les substances pierreuses des filons, et quelquefois en masses ou en blocs d'un volume assez considérable : on en cite qui pesaient plusieurs quintaux. Il est souvent recouvert d'un enduit sale ou noirâtre qui le dépare. L'argent natif se rencontre aussi quelquefois disséminé en particules imperceptibles dans des matières terreuses qui remplissent les fissures des filons argentifères : tel était le minerai qu'on exploitait autrefois à Allemont, en Dauphiné. Mais l'argent natif n'est point le seul minerai qu'on exploite pour en retirer le métal : on l'extrait encore du sulfure, du chlorure d'argent et de l'argent rouge (combinaison d'argent, de soufre et d'antimoine).

Le *sulfure d'argent* (ou l'argent vitreux) est d'un gris d'acier, et se laisse couper facilement; il cristallise en cubes comme la galène, avec laquelle il est souvent intimement mêlé; c'est le minerai le plus abondant et celui qui fournit presque tout l'argent du commerce. Le *chlorure d'argent* (ou l'argent corné) est une substance molle comme la cire, demi-transparente et de couleur jaune ou verdâtre : elle fond à la flamme d'une bougie en dégageant une odeur de chlore. Elle cristallise dans le système cubique. L'*argent rouge* est d'un rouge vif ou d'un noir rougeâtre métalloïde, donnant toujours une poussière d'un rouge cramoisi; il est fragile, facile à racler avec le couteau, et se réduit à la flamme d'une bougie. On le trouve souvent cristallisé sous des formes qui se rapportent au système rhomboédrique. Le traitement métallurgique de ces différents minerais se réduit à deux procédés, qui consistent, l'un, à dissoudre l'argent par le moyen du plomb, pour lequel il a une grande affinité lorsque ces deux métaux sont à l'état de fusion ; l'autre, à l'amalgamer avec le mercure, après l'avoir préalablement amené à l'état de chlorure en grillant le minerai mélangé avec du sel.

Si l'on excepte les mines de plomb et de cuivre argentifères dont nous avons parlé précédemment, la France ne possède de mines d'argent proprement dites que dans deux départements, et encore sont-elles en ce moment abandonnées : à Allemont, dans l'Isère, et dans les Vosges, à Sainte-Marie-aux-Mines, la Croix, etc. La mine d'Allemont ou des Chalanches consiste en minerais d'argent très-riches, disséminés dans une argile qui remplit des fentes et des cavités au milieu de roches talqueuses et amphiboliques. Dans les Vosges, les minerais d'argent sont associés à des minerais de plomb et de cuivre argentifères en filons.

Les mines d'argent européennes sont beaucoup moins importantes que celles du nouveau monde : la plupart même ne sont que des mines de plomb ou de cuivre argentifère, auquel s'associent en petite quantité d'autres minerais d'argent. Les mines d'argent proprement dites sont celles de Kongsberg, en Norvége, où l'argent natif est le principal minerai ; celles de Saxe (Marienberg, Schneeberg, Freyberg), celles du Harz et celles de Hongrie (Schemnitz, Kremnitz, Kœnigsberg). Tous ces pays tirent aussi une grande partie de l'argent qu'ils produisent des minerais de plomb argentifère. Ce sont les mines de Hongrie qui fournissent les produits les plus considérables. Viennent ensuite les mines de Saxe, puis celles du Harz. La Prusse, l'Angleterre n'ont point de mines d'argent proprement dites. La Savoie a la mine de Pesey, dont le minerai n'est qu'un plomb argentifère. L'Espagne n'offre plus guère que celle de Guadalcanal, dont le produit est très-faible. La quantité d'argent produite annuellement par les mines de l'Europe est de 72 000 kilogrammes : ce qui n'est que la onzième partie de celle que fournissent les mines de l'Amérique espagnole. La Sibérie possède une mine d'argent à Smeof, ou Schlangenberg, dans les monts Altaï : le produit de cette mine, et de plusieurs autres moins importantes du district de Kolywan, joint à celui des mines de Nertschinsk, est de 21000 kilogrammes.

Les mines d'argent du nouveau monde, qui sont les mines les plus importantes de ce continent, sont situées dans les Cordillères, principalement au Mexique, au Pérou, au Chili. Le Mexique présente à lui seul plus de trois mille exploitations établies sur cinq mille filons ou amas de minerais d'argent. Les filons les plus riches sont ceux de Guanaxuato, de Catorce, de Zacatecas, de Real-del-Monte. Le filon de Guanaxuato (la Veta-Madre) est maintenant la plus riche mine du monde entier : il a une puissance de 40 à 45 mètres, et on l'exploite sur une longueur de trois lieues. La seule mine de Valenciana, qui en fait partie, produit annuellement plus de 8 millions de francs ; les mines de Guanaxuato donnent à elles seules près du quart du produit de toutes les mines du Mexique, qui était, il y a quelques années, de 126 millions de francs. Les filons métallifères du Mexique traversent des roches primitives et intermédiaires, parmi lesquelles on remarque surtout certains porphyres comme très-riches en or et en argent. On trouve aussi ces métaux précieux disséminés dans des minerais terreux et ferrugineux, appelés dans le pays *colorados*. Le Pérou est aussi très-riche en mines d'argent. La république actuelle du Pérou possède la mine célèbre de *Pasco*, ou Lauricocha, celles de Huantajaya, de Micui-Pampa, etc. La république de Bolivie, qui faisait partie de l'ancien Pérou, nous offre la fameuse mine de Potosi, dont le minerai était jadis fort riche, mais qui s'est appauvri d'une manière extraordinaire. Malgré cela, il est si abondant, que le Potosi est encore la mine la plus riche du monde, après le filon de Guanaxuato. Les mines du Pérou ont rapporté jusqu'à onze millions par an, et l'on a calculé que la seule mine de Potosi a produit depuis sa découverte, en 1545, pour six milliards d'argent. Le Chili a aussi des mines d'argent à Coquimbo : le métal y est, comme à Pasco, disséminé en parties imperceptibles dans des minerais terreux, ferrugineux, analogues aux colorados du Mexique, mais qu'on nomme *Pacos* dans l'Amérique du Sud.

Au commencement du dix-neuvième siècle, les colonies espagnoles produisaient annuellement en argent 3 460 000 marcs, et le Mexique seul entrait pour 2340 marcs dans ce total. Maintenant le produit n'est plus que de 838 857 marcs ; il a donc souffert une diminution de près des trois quarts. Depuis trois siècles, l'Amérique a fourni 512 700 000 marcs d'argent. Toute cette masse réunie formerait une sphère de 28 mètres de diamètre.

L'or.

L'*or* est un métal caractérisé par sa belle couleur jaune, jointe à une grande malléabilité et à une densité considérable. Il pèse dix-neuf fois autant que l'eau à volume égal ; il surpasse tous les métaux par sa ténacité, qui est telle qu'un fil d'or de 2 millimètres et demi de diamètre soutient un poids de 245 kilogrammes sans se rompre. Sa dureté est assez faible, aussi ne l'emploie-t-on pas pur. L'or monnayé et l'or des bijoux est toujours allié d'une certaine quantité de cuivre ou d'argent, dont la proportion est réglée par la loi et garantie par le contrôle. L'or est inattaquable par tous les acides, excepté l'eau régale (acide nitro-chlorhydrique), qui a la propriété de le dissoudre. C'est sur cette propriété qu'est fondé l'essai sur la pierre de touche, dans lequel l'eau forte (acide nitrique) sert à dissoudre le cuivre ou l'argent sans attaquer l'or. Le mercure aussi dissout l'or, et c'est pour cela qu'on en fait usage pour retirer les plus petites particules d'or des minerais en poudre ou des sables naturels qui les renferment. L'or n'est fusible qu'à une température au-dessus de la chaleur rouge, et n'est point volatil au feu de forge. Le contact de l'air ne l'altère en aucune manière. Il n'existe dans la nature qu'à l'état natif ou allié avec une petite quantité de cuivre, de fer ou d'argent, qui modifie plus ou moins sa couleur. Il se montre quelquefois cristallisé sous les formes qui dérivent du cube ; il est plus ordinaire de le rencontrer à l'état de dendrites ou de ramifications provenant de petits cristaux implantés les uns sur les autres, ou sous la forme de lames ou de réseaux à la surface de différentes gangues pierreuses, sous celle de filaments déliés pénétrant ces mêmes gangues ; enfin, et c'est sa manière d'être la plus commune, on le trouve en paillettes et en grains disséminés dans les sables ou engagés dans les pyrites, que pour cette raison on nomme aurifères. Ces grains sont généralement petits : quelquefois cependant ils constituent ce qu'on nomme des pépites ou des masses isolées, arrondies, plus ou moins volumineuses. Le Muséum d'histoire naturelle de Paris en possède une dont le poids est de plus d'un demi-kilogramme. On a cité des masses d'or trouvées en Amérique qui pesaient environ 50 kilogrammes Cet or en grains disséminés est presque pur ; on n'a besoin que de le rassembler et de le fondre, pour pouvoir le verser dans le commerce avec une valeur de plus de 3000 francs le kilogramme.

L'or, considéré sous le rapport géologique, peut présenter trois sortes de gisements, dans lesquels il n'est jamais que disséminé en lamelles ou grains visibles, et le plus souvent en particules invisibles, sans être assez abondant pour former à lui seul des roches ou des filons. On le trouve : 1° dans des couches ou amas de roches solides, appartenant aux terrains primitifs et intermédiaires ; 2° dans les filons pierreux ou métallifères qui traversent ces mêmes terrains; 3° enfin, et c'est le cas le plus ordinaire, dans les dépôts arénacés des alluvions anciennes, dans les sables des rivières, et surtout dans ces sables siliceux et ferrugineux, qui contiennent en même temps du platine, des diamants et autres pierres fines, et que l'on rapporte aux terrains diluviens ou tout au plus à la partie supérieure du sol tertiaire ; il suffit de laver ces sables pour en séparer l'or qui peut s'y trouver mêlé. On ne connaît point ce métal dans les terrains secondaires proprement dits. Toutes les mines d'or exploitées de nos jours se partagent donc en deux classes distinctes : en mines souterraines ou proprement dites, établies sur des masses ou filons du sol primordial, et en simples lavages de sables aurifères, qui sont toujours des dépôts superficiels. Or, ce n'est point dans les premières que l'or est le plus abondant : ce sont les lavages de sables qui, dans presque toutes les parties du monde, fournissent la plus grande partie de l'or qu'on y recueille pour le livrer au commerce.

C'est au Brésil que l'on a trouvé l'or disséminé dans des couches solides, où il est répandu en assez grande quantité : ces couches sont composées de quartz et de fer oligiste métalloïde, et paraissent se lier au terrain de micaschiste ; elles sont remarquables par leur épaisseur et par l'étendue qu'elles occupent sur le plateau de Minas-Geraes ; elles sont recouvertes par une brèche ferrugineuse extrêmement aurifère. Dans le voisinage de ces roches sont les dépôts arénacés de Matto-Grosso et de Minas-Geraes, si riches en or, en platine, en diamants, et que l'on a cru pouvoir attribuer à leur destruction. De toutes les parties du nouveau monde, c'était le Brésil qui, avant 1830, produisait le plus d'or, et presque tout cet or provenait de terrains d'alluvion.

Après le Brésil, c'était la Nouvelle-Grenade qui en fournissait le plus ; venait ensuite le Chili, puis le Mexique ; et enfin le Pérou, qui produit peu d'or et dont la véritable richesse métallique est en argent.

Depuis 1830, l'extraction de l'or a suivi une progression rapide par la découverte successive de trois nouvelles régions aurifères, qui, subitement, ont donné des produits tout à fait inaccoutumés. Ces nouvelles régions, très-distinctes les unes des autres et situées dans trois des cinq parties du monde, sont : la Sibérie, la Californie et l'Australie. C'est par la Sibérie, et vers 1830, que le changement a commencé. Des sables aurifères d'une grande richesse ont été découverts sur les pentes des monts Ourals, notamment sur le versant asiatique ; et tandis que la production des anciens pays aurifères est restée à peu près la même de 1830 à 1848, celle de la Sibérie a toujours été en augmentant, et d'une manière si rapide, qu'elle s'est élevée à un chiffre quatre fois plus considérable que celui du Brésil, et comparable au chiffre que donnait le monde tout entier au commencement du siècle, et qu'on a évalué à 24 000 kilogrammes d'or (un peu plus d'un mètre cube).

Ensuite est venue, en 1848, la découverte des gîtes aurifères de la Nouvelle-Californie. La richesse inouïe de ces nouveaux gîtes n'a point tardé à surpasser les merveilles de la région sibérienne : on estime que dans la seule campagne de 1851 l'extraction de l'or en Californie a atteint 100 000 kilog. (ou 344 millions de francs) : c'est la trentième partie de tout ce que l'Amérique entière a fourni en trois siècles et demi, depuis sa découverte, et plus que le triple de ce que donne présentement la Sibérie. En 1852, la production paraît devoir s'élever encore à près de 300 millions. On calcule que, depuis qu'on connaît cette nouvelle région aurifère, c'est-à-dire dans l'espace de quatre années seulement, elle aura fourni de l'or pour 274 millions de dollars (1 millard 424 millions de francs).

Plus récemment (fin de 1851), on a découvert d'autres gisements d'or d'une grande richesse en Australie, dans la partie de la Nouvelle-Hollande connue sous le nom de Nouvelle-Galles du Sud. S'il n'y a pas d'exagération dans les rapports qu'on a faits en Europe sur ces nouveaux gîtes, ils s'annonceraient comme devant être plus productifs encore que ceux de la Californie.

L'Afrique et l'Asie ont aussi des mines et des

lavages d'or importants. On sait qu'en Afrique le sable d'or forme une branche de commerce pour les nègres, qui le vendent à l'état de sable ou d'anneaux grossièrement travaillés. On évalue à plus de 5 000 000 le produit de ces sables. En Europe, il y a fort peu de mines d'or en exploitation. Les plus importantes sont celles de Hongrie et de Transylvanie. L'or s'y montre comme partie accidentelle des mines d'argent, et il est rare qu'il y soit en lamelles visibles. Il existe aussi, mais moins abondamment, dans celles de Freyberg en Saxe. Les pyrites ferrugineuses, que l'on trouve en beaucoup d'endroits, formant des amas ou des filons dans les roches anciennes, le contiennent souvent en quantité suffisante pour pouvoir être exploitées avec avantage. Telles sont celles de Macugnaga en Piémont, et de Bérézof près d'Ekaterinbourg en Sibérie. La France ne possède aucune mine d'or qui soit susceptible d'exploitation; il existe cependant à la Gardette, près du bourg d'Oisans en Dauphiné, un filon de quartz aurifère traversant le gneiss, qui pendant quelque temps a donné de belles espérances aux mineurs; mais il s'est appauvri à une faible profondeur, et, à cause de la difficulté de l'extraction, on a été forcé de l'abandonner. L'or est disséminé en petite quantité, mais assez généralement, dans le sol d'alluvion de l'Europe. On exploite maintenant avec beaucoup d'avantage des sables étendus sur les pentes de l'Oural, en Russie; il en existe également en Hongrie, en Espagne, etc. On sait qu'on trouve de l'or en France dans le sable de plusieurs rivières, et que leurs eaux ont souvent la propriété de charrier des paillettes d'or : telles sont entre autres l'Ariége, le Gardon, le Rhône, le Rhin, aux environs de Strasbourg, la Garonne, près de Toulouse, l'Hérault, près de Montpellier. Il y a des hommes dont l'unique occupation est de recueillir ces paillettes d'or, et que, pour cette raison, on nomme *orpailleurs*. Cet or n'a point été arraché par les eaux des rivières aux filons et aux rochers des pays où elles prennent leur source; il appartient aux terrains d'alluvion des plaines que les cours d'eau traversent, et dont elles séparent l'or par une sorte de lavage naturel.

Au commencement du siècle, la quantité d'or qui entrait annuellement dans le commerce était d'environ deux cents quintaux métriques, valant 74 000 000 de fr.; celle de l'argent était beaucoup plus considérable; elle s'élevait à huit mille neuf cents quintaux métriques, valant 192 000 000. Ces quantités d'or et d'argent se trouvaient donc à peu près entre elles dans le rapport de 1 à 52, et cependant on a supposé que les valeurs commerciales des deux métaux étaient seulement entre elles comme 1 est à 15. Cette différence provient de ce que l'or étant beaucoup moins employé que l'argent, les demandes qu'on en fait sont moins nombreuses, et son prix réel est au-dessous de celui qu'il devrait avoir s'il suivait le rapport de la quantité.

Le traitement métallurgique des minerais d'or, dans lesquels le métal est disséminé en parties visibles ou invisibles, consiste dans l'amalgamation avec le mercure, après avoir fait subir aux minerais quelques préparations mécaniques; on enlève ensuite le mercure par distillation, et l'on obtient l'or pur ou allié avec quelques autres métaux dont on le sépare en traitant l'alliage par l'acide nitrique qui dissout tous les métaux étrangers. Quant à l'or contenu dans les minerais d'argent, on l'obtient combiné avec l'argent qu'on retire par la coupellation; et l'on opère ensuite le départ des deux métaux en traitant par l'acide nitrique, qui dissout l'argent et met l'or à nu. Le sel d'argent qu'on a ainsi formé est ensuite fondu pour avoir le métal. Quant à l'or d'alluvion, on n'a besoin que de le fondre pour le mettre en lingots.

Le platine.

Le *platine* est un métal d'un gris d'acier, tirant sur le blanc d'argent, malléable, peu dilatable, infusible au feu de forge, inaltérable à l'air, et ne se laissant dissoudre, comme l'or, que par l'eau régale. Il est attaquable par le mercure, le chlore, le phosphore, le soufre, etc. C'est le plus pesant de tous les métaux : il pèse vingt et une fois autant que l'eau à volume égal. Il se lamine et se laisse passer à la filière avec facilité, ce qui permet de le réduire en feuilles très-minces, et de le tirer en fils très-déliés. Il reçoit un beau poli, et conserve son brillant pendant très-longtemps ; il est susceptible de s'allier avec presque tous les métaux.

On ne le trouve dans la nature qu'en grains, ou pépites, disséminés dans les mêmes sables que ceux qui renferment l'or : seulement il y est plus rare. On ne l'a encore observé que dans un petit nombre de localités : au Choco, dans la Nouvelle-Grenade ; à Matto-Grosso, dans le Brésil ; dans le sable d'une rivière à Saint-Domingue, et dans les sables aurifères de l'Oural, en Sibérie. Le platine est souvent mêlé ou allié avec divers autres métaux, au nombre desquels sont les substances rares appelées *palladium*, *rhodium*, *osmium* et *iridium*.

La propriété qu'a ce métal d'être inattaquable par le feu, l'air et presque tous les acides, le rend très-précieux dans les arts et dans les opérations de la chimie. On en a fait des médailles en France, de la monnaie en Russie; les creusets et capsules des chimistes, les miroirs des télescopes, les règles des astronomes, les étalons des poids et mesures, les pointes de paratonnerres, s'exécutent avec ce métal. Ses usages se multiplient à mesure qu'il devient moins rare et que l'art de le travailler se perfectionne. Ce métal est moins cher que l'argent quand il est brut; mais lorsqu'il est travaillé, il se vend jusqu'à 6 à 7 francs le décagramme, ce qui tient à la difficulté que l'on éprouve encore à le purifier et à le mettre en œuvre. Pour parvenir à le fondre, on l'allie avec un métal, tel que l'arsenic, que l'on puisse ensuite chasser par volatilisation; on obtient ainsi une masse de platine dont on rapproche les parties en la forgeant.

De quelques autres métaux d'un usage moins général.

Il nous reste à dire quelques mots de plusieurs métaux moins connus que ceux dont nous venons de faire l'histoire, mais qui ont cependant des usages assez importants. Ce sont l'aluminium, le bismuth, l'antimoine, l'arsenic, le manganèse, le cobalt et le chrome. Les trois premiers seulement s'emploient à l'état de métal, les quatre autres à l'état d'oxyde.

L'aluminium.

Ce nouveau métal, qu'on extrait aujourd'hui de l'alumine, terre contenue dans toutes les argiles, est blanc comme l'argent, léger comme le verre, malléable et tenace à un haut degré; il est inaltérable à l'air sec ou humide et résiste à l'action de la plupart des acides. Par cet ensemble de propriétés, il est destiné à rendre un jour de grands services à l'industrie, dès qu'on pourra l'obtenir à un prix beaucoup moins élevé.

Le bismuth.

Le *bismuth* est un métal d'un blanc jaunâtre ou rougeâtre, passant au violet par une longue exposition à l'air. Sa structure est lamelleuse, et sa cassure présente de larges facettes brillantes. Il se casse facilement et fond à la flamme d'une bougie. C'est de tous les métaux solides le plus fusible, aussi entre-t-il dans la composition de l'alliage de Darcet, qui a la propriété de se fondre dans l'eau bouillante, et dont on fait des rondelles qui servent de soupapes de sûreté aux machines à vapeur. Les minerais dont on extrait le bismuth sont très-rares dans la nature : on le trouve à l'état natif, à l'état de sulfure et à l'état d'oxyde. Le sulfure est d'un gris de plomb nuancé de jaune et sous la forme d'aiguilles; l'oxyde est pulvérulent, d'un blanc verdâtre, passant au jaune paille. C'est le bismuth natif qui est le plus commun de ces trois minerais : il se présente presque toujours disséminé en petites masses lamelleuses dans des gangues quartzeuses. Ce sont les mines de Saxe qui fournissent presque tout le bismuth dont les arts ont besoin.

L'antimoine.

L'*antimoine* est un métal blanc, fort léger, très-brillant, fragile, dont le tissu est très-lamelleux, et présente des lames d'autant plus larges qu'il est d'une pureté plus parfaite. Il se clive en rhomboèdre, et est plus dur que le plomb, l'étain et même l'argent. Il rougit avant de se fondre, se volatilise et s'enflamme au contact de l'air, en répandant des vapeurs blanches qui se condensent par le refroidissement. On trouve l'antimoine dans le commerce sous la forme de pains arrondis, dont la surface est couverte d'une étoile dont les rayons représentent des feuilles de fougère. Il donne de la dureté aux métaux avec lesquels on l'allie; aussi son principal usage est d'entrer avec le plomb dans la composition des caractères d'imprimerie. Il est la base de plusieurs médicaments, entre autres de l'émétique. Le seul minerai que l'on exploite pour en retirer ce métal est l'*antimoine sulfuré*, dont la couleur est un gris bleuâtre métallique, et qui cristallise en aiguilles rhomboïdales, terminées par des sommets à quatre faces, et groupées en divergeant. Une de ces aiguilles, exposée à la flamme d'une bougie, s'y fond avec facilité. Ce minerai se trouve en filons assez puissants, et la France en possède des mines importantes en Auvergne, en Languedoc, dans les Cévennes, etc.

L'arsenic.

L'*arsenic* est un métal peu brillant, si ce n'est dans la cassure fraîche, qui se ternit promptement à l'air et passe au noir. Il est fragile et à cassure grenue, volatil, et brûle en répandant une fumée blanche, épaisse, accompagnée d'une odeur âcre qui ressemble à celle de l'ail. Il répand la même odeur par le choc du briquet. On le trouve dans la nature à l'état natif, sous la forme de baguettes, ou de masses testacées; à l'état d'oxyde, et à l'état de sulfure, ou bien combiné avec d'autres métaux, à l'égard desquels il remplit alors un rôle analogue à celui du soufre. L'arsenic oxydé est une substance blanche, pesante, qui cristallise en octaèdres réguliers, et qui est légèrement soluble dans l'eau. Quand elle est pulvérisée, elle ressemble à la farine blanche; jetée sur des charbons ardents, elle donne une fumée blanche et l'odeur d'ail dont nous avons parlé. On fait usage de cette substance pour détruire les rats. C'est l'un des plus terribles poisons que l'on connaisse. Il y a deux espèces de sulfures d'arsenic : le jaune qu'on appelle *orpiment*, et le rouge nommé *réalgar*. Ces deux substances ont aussi une action délétère sur l'économie animale, mais moins énergique que celle de l'oxyde blanc. L'orpiment se rencontre en masses lamellaires d'une belle teinte dorée; le réalgar en cristaux prismatiques rhomboïdaux, à cassure vitreuse et brillante, d'une belle teinte rouge, passant à l'orangé lorsqu'ils sont pulvérisés. On les emploie tous deux en peinture. Les minerais d'arsenic sont peu abondants; on les trouve principalement dans l'intérieur des filons argentifères, et ce sont les mines de Saxe qui fournissent la plus grande quantité de l'arsenic du commerce.

Le manganèse.

Le *manganèse* est un métal colorant que l'on connaît à peine à l'état métallique. On n'emploie dans les arts que des minerais naturels, qui sont toujours des oxydes, tantôt purs, tantôt combinés entre eux ou hydratés. Le peroxyde de manganèse (ou pyrolusite) est le plus précieux : c'est une substance d'un gris d'acier foncé, tendre, à poussière noire ; à texture ordinairement fibreuse, tachant les doigs ; infusible, mais perdant à une haute température une portion de son oxygène. Il en existe en France plusieurs exploitations près de Mâcon, et de Thiviers, dans la Dordogne. Ses principaux usages sont de servir à purifier la composition du verre blanc, à colorer en brun et en violet les poteries communes, les émaux et les porcelaines. Il sert aussi à la fabrication du chlore, que l'on emploie au blanchiment des toiles, de la cire jaune, et des pâtes de papier.

Le cobalt.

Il en est du *cobalt* comme du manganèse : on ne le connaît guère à l'état de métal, et l'on ne fait usage que de ses minerais, qui servent à colorer en bleu les verres et les émaux. Ces émaux bleus, réduits en poudre impalpable, colorent à leur tour la plupart des substances avec lesquelles on les mêle. Le smalt ou l'azur, le bleu de Thenard, sont des préparations de cobalt. On trouve ce métal dans la nature à l'état d'oxyde, de sulfure, d'arséniure et d'arséniate. L'oxyde est en masses pulvérulentes d'un noir bleuâtre. Le sulfure de cobalt sans mélange d'arsenic est très-rare; les minerais arsénifères sont les plus communs. Les sulfures et arséniures ont l'éclat métallique, et pour l'ordinaire une couleur tirant sur le blanc d'argent : ils cristallisent très-nettement sous les formes du cube, de l'octaèdre régulier, ou d'un dodécaèdre pentagonal semblable à celui de la pyrite. L'arséniate est en aiguilles, ou en efflorescences, d'une belle teinte de fleur de pêcher. Les principales mines de cobalt sont celles de Tunaberg en Suède, de la Saxe et du Harz. Il en existe encore dans la Hesse, la Souabe, et même en France. C'est surtout dans les filons argentifères que se trouvent les minerais de cobalt, qui fournissent, outre le principe colorant pour lequel on les recherche, une grande partie de l'arsenic qui circule dans le commerce.

Le chrome.

Le *chrome* est encore un métal colorant, comme le cobalt et le manganèse, qui est sans usage à l'état métallique, et qu'on n'emploie qu'à l'état d'oxyde. C'est à lui que l'émeraude de la Colombie doit sa belle couleur verte; il sert à peindre la porcelaine et les émaux en vert foncé, et fournit aussi un jaune du plus grand éclat. C'est lui qui colore à l'état acide le beau minerai d'un rouge orangé (chromate de plomb) que l'on trouve dans la mine de Bérézof en Sibérie, et le rubis spinelle de Ceylan. Son oxyde, qui est vert, se trouve en France, combiné avec l'oxydule de fer, dans le département du Var, et mêlé avec le quartz dans le département de Saône-et-Loire.

IV. DES COMBUSTIBLES.

Le soufre.

Le *soufre* est une substance simple, non métallique, d'un jaune citrin, combustible et facile à reconnaître à la flamme et à l'odeur qui lui sont particulières. On trouve du soufre natif dans deux sortes de terrains, en nids ou en amas dans l'intérieur de quelques filons, et surtout au milieu des roches qui accompagnent le sulfate de chaux (Sicile, Italie, Espagne); ou bien en aiguilles cristallines, en parcelles disséminées dans le sol fumant des solfatares ou volcans à demi éteints (Pouzzole, près Naples). Le soufre natif cristallise en octaèdres à base rhombe (fig. 46). Une partie du soufre du commerce se retire des minerais pyriteux dans lesquels sa présence s'annonce toujours par l'odeur qu'ils dégagent lorsqu'on les chauffe un peu fortement. Les principales mines qui le fournissent sont celles de la Sicile et des environs de Naples. Ses usages les plus importants sont d'entrer dans la fabrication de la poudre à canon, et dans celle de l'huile de vitriol ou acide sulfurique.

Fig. 46.

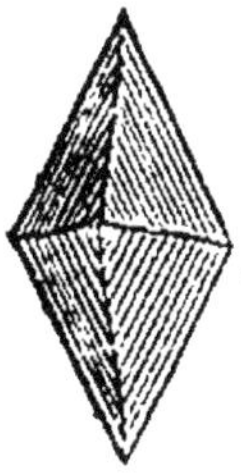

Les bitumes.

Les *bitumes* sont des substances analogues aux huiles et aux poix végétales, brûlant avec flamme et une odeur caractéristique. On en distingue deux espèces principales : l'une liquide (le naphte ou le pétrole), d'un blanc jaunâtre ou noirâtre, dont il existe des sources en différents pays, et que l'on emploie comme huile de lampe ; l'autre solide et noire (l'asphalte), qui surnage sur les eaux de certains lacs, entre autres le lac Asphaltite, en Judée. Il existe en France cinq exploitations de bitumes situées dans les départements de l'Ain, du Puy-de-Dôme et du Bas-Rhin. Le nombre des ouvriers qu'elles emploient est de 180 ; et leur produit a une valeur de 175 000 fr. Ces bitumes sont employés pour le graissage des essieux et des machines, et pour faire des mastics avec des matières terreuses.

Le graphite.

Le *graphite* est une substance d'un gris de plomb ou de fer, d'un éclat métalloïde, douce au toucher, tachant les doigts en gris. C'est du carbone presque pur mêlé d'une petite quantité de matière terreuse ou ferrugineuse. Elle se trouve en petits amas dans les schistes cristallins. On la nomme *plombagine* dans le commerce ; elle sert à fabriquer les crayons dits de *mine de plomb.* La meilleure qualité vient du Cumberland, en Angleterre.

L'anthracite.

L'*anthracite* est une substance charbonneuse opaque et d'un noir métalloïde, difficile à enflammer, brûlant avec une flamme très-courte, sans fumée et sans odeur, s'éteignant à l'instant même où on la retire du foyer, et se couvrant d'un enduit de cendres blanches. Elle est composée presque entièrement de carbone, sans bitume. On la trouve en couches ou en amas dans les terrains de transition (les plus anciens terrains carbonifères). Elle donne une chaleur considérable en brûlant, et brûle d'autant plus aisément qu'elle est en plus grande masse ; comme il lui faut un fort courant d'air, elle exige des fourneaux construits d'une manière particulière. On en fait un grand usage aux États-Unis, où elle supplée à la rareté de la houille. Ce combustible peut être employé avec succès dans les fonderies et dans toutes les opérations en grand où l'on a besoin d'une très-haute température. La France possède une trentaine de mines d'anthracite, situées dans les départements de l'Isère, des Hautes-Alpes, de la Mayenne et de la Sarthe. Le nombre des ouvriers employés à leur exploitation est de plus de 500, et leur produit représente une valeur de 500 000 fr.

La houille.

La *houille* est, après le fer, la substance qui tient le premier rang parmi celles qui constituent les richesses minérales des nations. C'est le plus précieux des combustibles, parce qu'il est abondamment répandu dans le sein de la terre, qu'il donne plus de chaleur que le bois et le charbon ordinaire à volume égal, et que ses variétés peuvent être assorties à différents usages dans les arts.

La houille (ou charbon de terre) est une matière charbonneuse, non cristalline, opaque et d'un noir luisant, brûlant aisément avec flamme, fumée et odeur bitumineuse, donnant, lorsque la flamme s'éteint, un charbon léger à éclat métalloïde, nommé *coke* (coak), et, après la combustion, un résidu de cendres scoriacées : c'est du carbone mêlé de bitume et de quelques parties terreuses. On en distingue deux variétés principales : 1° la houille grasse et collante, riche en bitume; elle se gonfle en brûlant, se fond, et ses parties se collent entre elles, propriété qui la rend favorable aux travaux de la forge; par la distillation, elle donne le gaz de l'éclairage (hydrogène carboné), et pour résidu du coke; 2° la houille sèche ou maigre; elle ne contient point assez de bitume pour se boursoufler ni se coller; elle est propre à la fonte, au service des verreries, des fours à chaux, etc. La houille appartient à la partie inférieure des terrains secondaires, au dépôt arénacé nommé *grès houiller*. Elle y est en amas ou en lits plus ou moins étendus et plus ou moins nombreux, alternant avec des bancs de grès et d'argiles. Ces argiles sont noires, schisteuses, et présentent fréquemment des impressions de feuilles de fougère.

La France possède des dépôts de houille dans une grande partie de son territoire, mais près de la moitié de ces dépôts ne sont point exploités. On compte en France plus de 200 mines, dont 140 seulement sont en exploitation dans 32 départements. Cette industrie occupe plus de

14 000 ouvriers, et les valeurs qu'elle produit sont de 15 millions de francs. Les départements où elle a le plus d'importance sont ceux de la Loire (mines de Saint-Étienne, de Rives-de-Gier), du Nord (mines d'Anzin), de Saône-et-Loire (mines du Creusot), et de l'Aveyron (mines d'Aubin). Viennent après les départements du Gard (mines d'Alais), du Calvados (mines de Littry), de la Haute-Saône (mines de Ronchamps).

La Belgique est riche en exploitations de houille : elle possède une grande zone de terrain houiller, de deux lieues de large sur cinquante de longueur. Les houillères des environs de Mons, de Charleroi, de Liége, sont très-importantes. Mais c'est en Angleterre et en Écosse que sont les plus grandes exploitations de houille qui existent au monde. Le Northumberland, le pays de Galles, les environs de Glasgow, présentent de vastes dépôts de houille, dont plusieurs sont devenus de grands centres d'industrie. Les seules mines de Newcastle emploient plus de 60 000 ouvriers, et produisent annuellement 36 millions de quintaux métriques de houille. On estime qu'elles peuvent continuer d'en fournir sur ce pied pendant près de mille ans. L'exploitation actuelle de la Grande-Bretagne est presque décuple de celle de la France.

Le lignite.

Le *lignite* est une substance charbonneuse, noire ou brune, provenant de tiges de végétaux ligneux et présentant fréquemment dans son tissu fibreux des traces de son origine ; s'allumant et brûlant avec facilité ; donnant par la distillation le même acide que le bois, et par la combustion un charbon semblable à la braise, avec une cendre terreuse analogue à celle de nos foyers. On distingue plusieurs variétés de lignite : le *jayet* ou jais, qui est d'un noir brillant, susceptible de poli, et que l'on emploie pour faire des bijoux de deuil ; le lignite fibreux, qui est ordinairement brun ; le lignite friable ou terreux, d'un noir brunâtre, et chargé de pyrites. Les lignites pyriteux, par l'exposition à l'air, s'effleurissent, s'enflamment, donnent naissance à des sulfates de fer et d'alumine, que l'on obtient par des lessives, et se réduisent en *cendres rouges* qui servent dans l'agriculture comme engrais. Le lignite est aussi un combustible précieux que l'on peut employer dans un grand nombre d'usines. On le trouve en lits dans les terrains secondaires et tertiaires, et surtout dans la partie inférieure du sol tertiaire. On exploite des lignites en France dans quatorze départements, et principalement dans ceux des

Bouches-du-Rhône, de l'Hérault, du Gard, de l'Aisne, des Vosges, du Bas-Rhin. Cette industrie occupe près de 1000 ouvriers, et le produit total des exploitations représente une valeur de 500 000 fr.

La tourbe.

La *tourbe* est une matière brune ou noirâtre, à tissu spongieux; plus ou moins combustible, et formée par les débris de certaines plantes qui croissent en abondance dans les plaines basses et marécageuses. Elle brûle avec ou sans flamme en répandant une odeur d'herbes sèches. Elle est employée dans l'économie domestique, comme matière propre au chauffage; et ses cendres servent en agriculture pour amender les terres. On la trouve en France dans plus de quarante départements, et principalement dans ceux de la Somme, du Pas-de-Calais, de la Loire-Inférieure, de Seine-et-Oise, etc. La vallée de la Somme, les rives de l'Essonne; l'embouchure de la Loire, offrent de nombreux marais tourbeux; le nombre des personnes employées à l'extraction de ce combustible (hommes, femmes, enfants), monte à 40 000. On évalue à trois millions de francs le produit total de cette exploitation. La Hollande ne possède pas d'autre combustible que la tourbe, qui est aussi très-commune en Westphalie, dans le Hanovre et dans plusieurs parties de la Prusse et de la Silésie.

Le succin.

Le *succin* (vulgairement *ambre jaune*), l'*electrum* des anciens, est une substance solide, jaune, d'un aspect semblable à celui de certaines résines, éminemment électrique par le frottement, et combustible avec flamme et fumée, en répandant une odeur plus ou moins agréable. Le succin fond à une température assez élevée, en coulant comme de l'huile; il est tendre, et cependant peut recevoir un poli assez brillant. Sa composition est assez analogue à celle des substances organiques; aussi le regarde-t-on comme un produit du règne végétal à l'état fossile. Il renferme souvent des insectes, ce qui prouve qu'il a été primitivement fluide à la manière des gommes et des résines. On le trouve en rognons épars au milieu des sables, des argiles et des lignites qui sont situés immédiatement au-dessus de la craie. On a employé le succin à faire des colliers ou de petits meubles d'un assez joli effet. Les principaux gîtes connus de succin sont situés en Prusse, sur les bords de la Baltique.

TABLEAU

DE LA

CLASSIFICATION DES ESPÈCES MINÉRALES.

Nous venons de passer en revue les espèces les plus importantes du règne minéral, choisies dans les trois classes des Pierres, des Métaux et des Combustibles ; nous les avons étudiées dans un ordre plus technologique que scientifique, et sans rapporter chacune d'elles au genre ou à l'ordre dont elle fait partie. Afin de compléter leur histoire par une indication plus précise de leurs rapports naturels, nous terminerons ce petit ouvrage en présentant le Tableau de la classification des substances minérales d'après les principes que nous avons posés ci-dessus (*voyez* p. 57). Nous nous bornerons toutefois à mentionner comme exemples, dans ce Tableau, les espèces principales, celles qui sont bien déterminées, et dont la considération peut être de quelque importance.

PREMIÈRE CLASSE.

DES SUBSTANCES ATMOSPHÉRIQUES OU DES GAZ.

Caractères. Corps formés d'éléments non métalliques, existant à l'état gazeux dans l'atmosphère, et persistant tous dans cet état aux températures ordinaires, l'eau exceptée.

1er ORDRE. *SIMPLES.*

ESPÈCES.

Oxygène.
Hydrogène.
Azote.

2e ORDRE. *COMPOSÉES.*

ESPÈCES.

Air atmosphérique.
Eau (vapeur d').
Acide carbonique.
Acide sulfureux.
Acide chlorhydrique (ou muriatique).
Acide sulfhydrique (*hydrogène sulfuré*).
Ammoniaque.
Hydrogène carboné (*grisou*).

DEUXIÈME CLASSE.

DES MINÉRAUX INFLAMMABLES OU DES COMBUSTIBLES.

CARACTÈRES. Corps formés d'éléments non métalliques, sans éclat ni couleur métalliques, combustibles, et brûlant le plus souvent avec flamme.

* *Les sulfureux.*

ESPÈCES.

Soufre natif.
Sulfure de sélénium.

** *Les charbonneux.*

1er ORDRE. *CHARBONS PROPREMENT DITS.*

1re TRIBU. *Cubiques.*

ESPÈCE.

Diamant.

2e TRIBU. *Rhomboédriques.*

ESPÈCE.

Graphite.

APPENDICE. *Amorphes.*

ESPÈCES.

Anthracite.
Houille.
Lignite.
Tourbe.

2e ORDRE. *LES BITUMES.*

ESPÈCES.

Naphte Pétrole	liquides.
Malthe Asphalte	solides.

3e ORDRE. *LES RÉSINES.*

ESPÈCES.

Élatérite.
Rétinasphalte.
Succin.

4e ORDRE. *LES SELS ORGANIQUES.*

1re Tribu. *Quadratiques.*

ESPÈCE.

Mellite (mellate d'alumine).

Appendice.

ESPÈCES.

Humboldtite (oxalate de fer).
Guano.

TROISIÈME CLASSE.

DES MINÉRAUX MÉTALLIQUES ou DES MÉTAUX.

(*Métaux proprements dits et minerais métalloïdes.*)

CARACTÈRES. Corps ne renfermant ni terres ni acides, doués naturellement de l'éclat métallique, ou susceptibles de l'acquérir par le poli, ou par la réduction à l'aide du chalumeau et des réactifs : ayant une couleur propre, une densité considérable ; étant fréquemment opaques, même dans les cristaux ; tous solides, le mercure excepté.

1er ORDRE. *MÉTAUX NATIFS.*

CARACTÈRES. Corps opaques à l'épaisseur d'un dixième de millimètre, doués d'une couleur propre, jointe à l'éclat métallique ; très-dilatables, plus ou moins fusibles et oxydables par l'action de la chaleur. Pesanteur spécifique au-dessus de 6.

1re TRIBU. *Rhomboédriques.*

ESPÈCES.

Tellure.

Arsenic.

Antimoine.

Bismuth.

2e TRIBU. *Cubiques.*

ESPÈCES

Mercure.

Argent.

Cuivre.
Fer.
Or.
Platine.
Palladium.
Iridium.

2e ORDRE. *OSMIURES.*

CARACTÈRES. Offrant naturellement l'éclat métallique; donnant une odeur analogue à celle du chlore, quand on les calcine avec le nitre.

1re TRIBU. *Rhomboédriques.*

ESPÈCE.

Osmiure d'iridium.

3e ORDRE. *ANTIMONIURES.*

CARACTÈRES. Offrant naturellement l'éclat métallique; donnant par le grillage dans un tube ouvert des vapeurs blanches, sans odeur d'ail ni de soufre, qui se condense sous forme pulvérulente, et que l'on peut chasser d'un endroit à l'autre du tube, en chauffant de nouveau; laissant pour résidu un globule métallique.

1re TRIBU. *Rhombiques*[1].

ESPÈCE.

Antimoniure d'argent.

1. Par substances *rhombiques*, nous entendons celles qui cristallisent sous les formes du quatrième système (*voyez* page 33). Les espèces qui se rapportent au cinquième système seront désignées par le nom de *clinorhombiques*, et celles qui se rapportent au sixième système, par le nom de *clinoédriques*.

2e TRIBU. *Rhomboédriques.*

ESPÈCE.

Antimoniure de nickel.

4e ORDRE. *ARSÉNIURES.*

CARACTÈRES. Offrant naturellement l'éclat métallique, et donnant l'odeur d'ail au chalumeau.

1re TRIBU. *Rhomboédriques.*

ESPÈCE.

Arséniure de nickel (*kupfernickel*).

2e TRIBU. *Cubiques.*

ESPÈCES.

Arséniure de nickel (*nickéline*).
Arséniure de cobalt (*smaltine*).

3e TRIBU. *Rhombiques.*

ESPÈCE.

Arséniure de fer (*fer arsenical*).

5e ORDRE. *TELLURURES.*

CARACTÈRES. Offrant naturellement l'éclat métallique ; donnant par le grillage dans un tube de verre une fumée blanche, qui se dépose sous la forme d'une poudre susceptible de se fondre en gouttelettes limpides, lorsqu'on vient à la chauffer ; et laissant après cette opération un globule métallique.

1re TRIBU. *Cubiques.*

ESPÈCES.

Tellurure d'argent (*hessite*).
Tellurure de plomb (*altaïte*).

2e TRIBU. *Quadratiques.*

ESPÈCE.

Tellurure de plomb et or (*élasmose*).

3e TRIBU. *Rhombiques.*

ESPÈCE.

Tellurure d'or et d'argent (*sylvane*).

6e ORDRE. *SÉLÉNIURES.*

CARACTÈRES. Offrant naturellement l'éclat métallique, et donnant l'odeur de rave au chalumeau.

1re TRIBU. *Cubiques.*

ESPÈCES.

Séléniure de plomb (*clausthalite*).
Séléniure d'argent (*naumannite*).
Séléniure de cuivre (*berzéline*).
Séléniure de cuivre et d'argent (*eukaïrite*).

7e ORDRE. *SULFURES.*

CARACTÈRES. Doués d'un éclat métallique plus ou moins prononcé ; donnant l'odeur de soufre brûlé, lorsqu'on les traite au chalumeau avec ou sans limaille de fer. Pesanteur spécifique comprise entre 3, 5 et 8.

1er Sous-Ordre. SULFURES SIMPLES.

1re TRIBU. *Cubiques.*

ESPÈCES.

Sulfure de zinc (*blende*).
Sulfure de plomb (*golène*).
Sulfure d'argent (*argyrose*).
Sulfure de cobalt (*cobaltine*).
Arséni-sulfure (*cobalt gris*).
Arséni-sulfure de nickel (*nickel gris*).
Sulfure jaune de fer (*pyrite*).

2e TRIBU. *Rhombiques.*

ESPÈCES.

Sulfure blanc de fer (*sperkise*).
Arséni-sulfure de fer (*mispickel*).
Sulfure de cuivre (*chalkosine*).
Sulfure d'antimoine (*stibine*).
Sulfure jaune d'arsenic (*orpiment*).

3e TRIBU. *Clinorhombiques.*

ESPÈCE.

Sulfure rouge d'arsenic (*réalgar*).

4e TRIBU. *Rhomboédriques.*

ESPÈCES.

Sulfure de mercure (*cinabre*).
Sulfure de molybdène (*molybdénite*).

2e Sous-Ordre. SULFURES MULTIPLES.

1re TRIBU. *Cubiques.*

ESPÈCES.

Sulfure d'étain, cuivre et fer (*étain pyriteux*).
Sulfure de cuivre et fer (*cuivre pyriteux; cuivre panaché*).
Sulfure de cuivre et fer, antimoine et arsenic (*cuivre gris; argent gris*).

2e TRIBU. *Rhombiques.*

ESPÈCES.

Sulfure d'antimoine et plomb (*jamesonite*).
Sulfure d'antimoine, plomb et cuivre (*bournonite*).
Sulfure noir d'argent et antimoine (*argent noir*).

3e TRIBU. *Rhomboédriques.*

ESPÈCES.

Sulfure rouge d'argent et antimoine (*argent rouge sombre*).

Sulfure d'argent et arsenic (*argent rouge clair*).

4e TRIBU. *Clinorhombiques.*

ESPÈCE.

Sulfure rouge noirâtre d'argent et antimoine (*miargyrite*).

8e ORDRE. *OXYDES MÉTALLIQUES.*

CARACTÈRES. Corps opaques, offrant d'eux-mêmes l'éclat métallique ou l'acquérant par le poli, ou corps transparents avec une couleur propre quand ils sont en masse, d'un aspect mat et terreux quand ils sont en poussière. Pesanteur spécifique comprise entre 3, 5 et 7. Réductibles avec plus ou moins de facilité en métal à l'aide du charbon, et donnant au verre de borax des couleurs différentes selon leur nature particulière.

1re TRIBU. *Cubiques.*

ESPÈCES.

Oxyde rouge de cuivre.
— de fer.
— ferroso-ferrique (*aimant*).
— fer titané (*isérine*).
— fer chromé (*sidérochrome*).
— franklinite.

2e TRIBU. *Rhomboédriques.*

ESPÈCES.

Oxyde de fer.

Oxyde ferrique (*oligiste*).
— titanifère (*craïtonite*).

3e Tribu. *Quadratiques.*

Oxyde de titane.
Nigrine.
Rutile.
Anatase.
Oxyde d'étain (*cassitérite*).
— de manganèse.
— manganoso-manganique (*hausmannite*).
— manganique (*braunite*).

4e Tribu. *Rhombiques.*

ESPÈCES.

Peroxyde manganique (*pyrolusite*).
Oxyde ferrique hydraté (*gœthite ; limonite*).
Oxyde manganique hydraté (*manganite*).

QUATRIÈME CLASSE.

DES MINÉRAUX LITHOÏDES OU DES PIERRES.

(*Oxydes, sels haloïdes, et oxy-sels.*)

Caractères. Substances non combustibles, la plupart oxydées et acidifères, n'offrant point le brillant métallique à l'état solide, mais un éclat vitreux dans les cristaux, et un aspect terreux ou lithoïde dans les masses non cristallines. Pesanteur spécifique généralement au-dessous de 5. Transparentes quand elles sont cristallisées et pures. Incolores par elles-mêmes quand elles sont à bases terreuses; le plus souvent colorées par elles-mêmes quand elles contiennent des bases métalliques. Réductibles avec plus ou moins de facilité en globules métalliques, lorsque leur base est un métal proprement dit.

1er ORDRE. *OXYDES NON MÉTALLIQUES.*

CARACTÈRES. Corps à poussière terne et terreuse, sans couleur dans l'état de pureté; irréductibles par le charbon en métal proprement dit.

1re TRIBU. *Cubiques.*

ESPÈCE.

Magnésie (*périclase*).

2e TRIBU. *Rhomboédriques.*

ESPÈCES.

Alumine (*corindon*).
Silice (*quartz*).
Eau (*glace*).

2e ORDRE. *CHLORURES.*

CARACTÈRES. Donnant du chlore lorsqu'on les mélange avec le peroxyde de manganèse, par l'action de l'acide sulfurique concentré et de la chaleur; colorant en bleu pourpre la flamme du chalumeau quand on les fond avec du sel de phosphore mêlé d'oxyde de cuivre.

1re TRIBU. *Cubiques.*

ESPÈCES.

Chlorure de sodium (*sel marin*).
Chlorure ammonique (*sel ammoniac*).
Chlorure d'argent (*argent corné*).

2e TRIBU. *Quadratiques.*

ESPÈCE.

Chlorure de mercure (*calomel*).

3e TRIBU. *Rhombiques.*

ESPÈCES.

Oxy-chlorure de cuivre (*atakamite*).
Oxy-chlorure de plomb (*mendipite*).

3e ORDRE. *FLUORURES.*

CARACTÈRES. — Corps solides, donnant par l'action de l'acide sulfurique une vapeur blanche qui corrode le verre.

1re TRIBU. *Cubiques.*

ESPÈCE.

Fluorure de calcium (*fluorine*)

2e TRIBU. *Rhombiques.*

ESPÈCE.

Fluorure de sodium et d'aluminium (*cryolithe*).

4e ORDRE. *IODURES.*

CARACTÈRES. Donnant des vapeurs violettes par l'action de l'acide sulfurique concentré et de la chaleur.

1re TRIBU. *Cubiques.*

ESPÈCES.

Iodure d'argent (*iodite*).
Iodure de zinc.
Iodure de mercure.

5e ORDRE. *BROMURES.*

CARACTÈRES. Donnant des vapeurs rouges par l'action de l'acide sulfurique concentré et de la chaleur.

1re TRIBU. *Cubiques.*

ESPÈCES.

Bromure d'argent (*bromite*).
Bromure de zinc.

6e ORDRE. *ALUMINATES.*

CARACTÈRES. Corps solides, donnant, après avoir été fondus avec la soude, dissous dans un acide, et traités par l'ammoniaque, un précipité gélatineux soluble dans la potasse caustique, et qui devient d'un beau bleu par la calcination, lorsqu'on l'humecte avec du nitrate de cobalt.

1re TRIBU. *Cubiques.*

ESPÈCES.

Aluminate de magnésie (*spinelle*).

Aluminate de zinc (*gahnite*).
Aluminate de fer et magnésie (*pléonaste*).

2e Tribu. *Rhombiques.*

ESPÈCE.

Aluminate de glucine (*cymophane*).

7e ORDRE. *SILICATES ALUMINEUX.*

Caractères. Corps solides, déposant de la silice sous forme de gelée, lorsque, après les avoir fondus avec le carbonate de potasse, ou de soude, on les dissout dans un acide, et qu'on évapore ensuite la dissolution. Solution, privée de silice, donnant par l'ammoniaque un précipité abondant, qui bleuit, lorsqu'on le calcine après l'avoir mouillé de nitrate de cobalt.

1re Tribu. *Cubiques.*

ESPÈCES.

Hydratés. -- Analcime.
Anhydres. — Amphigène.
Grenats.

2e Tribu. *Quadratiques.*

ESPÈCES.

Anhydres. — Idocrase.
Gehlénite.
Humboldtilite.
Wernérite.
Méionite.

Hydratés. — Faujasite.
Edingtonite,

3ᵉ Tribu. *Rhomboédriques.*

ESPÈCES.

Hydratés. — Chabasie.
Chlorite.
Anhydres. — Mica (Biotite) à un axe.
Néphéline.
Émeraude.

4ᵉ Tribu. *Rhombiques.*

ESPÈCES.

Anhydres. — Staurotide.
Macle.
Cordiérite.
Hydratés. — Préhnite.
Harmotome,
Thomsonite.
Stilbite.

5ᵉ Tribu. *Clinorhombiques.*

ESPÈCES.

Hydratés. — Heulandite.
Laumonite.

Mésotype.
Anhydres. — Épidote.
Euclase.
Mica (à deux axes).
Feldspath orthose.

6e Tribu. *Clinoédriques.*

ESPÈCES.

Anhydres. — Feldspath albite.
Feldspath oligoclase.
Feldspath labrador.
Anorthite.
Pétalite.
Triphane.
Disthène.

8e ORDRE. *SILICATES NON ALUMINEUX.*

Caratères. Le même que ci-dessus, sauf que la solution ne donne pas par l'ammoniaque de précipité alumineux.

1re Tribu. *Quadratiques.*

ESPÈCES.

Anhydres. — Zircon.
Hydratés. — Apophyllite.

2e Tribu. *Rhomboédriques.*

ESPÈCES.

Hydratés. — Dioptase.
Cronstedtite.
Cérite.
Anhydres. — Phénakite.
Willémite.

3e Tribu. *Rhombiques.*

ESPÈCES.

Hydratés. — Calamine.
Serpentine.
Anhydres. — Péridot.
Talc.
Liévrite.

4e Tribu. *Clinorhombiques.*

ESPÈCES.

Anhydres. — Gadolinite.
Achmite.
Wollastonite.
Rhodonite.
Pyroxènes.
Amphiboles.

5e Tribu. *Clinoédriques.*

ESPÈCE.

Anhydre. — Babingtonite.

9e ORDRE. *SILICATES UNIS A D'AUTRES COMPOSÉS.*

Caractères. Le caractère général des Silicates, combiné avec celui d'un autre ordre.

1re Tribu. *Cubiques.*

ESPÈCES.

Silicates phosphorifères. — Eulytine.
Silicates sulfurifères. — Helvine.
— Haüyne.
— Lapis.
— Spinellane.
Silicates chlorifères. — Sodalithe.

2e Tribu. *Rhomboédriques.*

ESPÈCES.

Silicates chlorifères. — Eudialyte.
Pyrosmalite.
Silicates borifères. — Tourmalines.

3e Tribu. *Rhombiques.*

ESPÈCE.

Silicates fluorifères. — Topazes.

4ᵉ TRIBU. *Clinorhombiques.*

ESPÈCES.

Silicates fluorifères. — Chondrodite.
Leucophane.
Silicates borifères. — Datolithe.

5ᵉ TRIBU. *Clinoédriques.*

ESPÈCES.

Silicates borifères. — Axinite.
Danburite.

10ᵉ ORDRE. *BORATES.*

CARACTÈRES. Corps solides, décomposables par l'acide nitrique, dans lequel ils laissent un résidu qui a la propriété de se dissoudre dans l'alcool et d'en colorer la flamme en vert.

1ʳᵉ TRIBU. *Cubiques.*

ESPÈCES.

Anhydres. — Borate de magnésie (*boracite*).
Borate de chaux (*rhodizite*).

2ᵉ TRIBU. *Clinorhombiques.*

ESPÈCE.

Hydraté. — Borate de soude (*borax*).

11ᵉ ORDRE. *CARBONATES.*

CARACTÈRES. Corps solides, solubles dans les acides avec effervescence, due au dégagement d'un gaz incolore et inodore.

1re Tribu. *Rhomboédriques.*

ESPÈCES.

Anhydres. — Carbonate de zinc (*smithsonite*).
Carbonate de manganèse (*diallogite*).
Carbonate de fer (*fer spathique*).
Carbonate de magnésie (*giobertite*).
Carbonate de chaux et magnésie (*dolomie*).
Carbonate de chaux (*calcaire*).

2e Tribu. *Rhombiques.*

ESPÈCES.

Carbonate de chaux (*arragonite*).
Carbonate de strontiane (*strontianite*).
Carbonate de baryte (*barytine*).
Carbonate de plomb (*céruse*).

3e Tribu. *Clinorhombiques.*

ESPÈCES.

Anhydres. — Carbonate de chaux et baryte (*barytocalcite*).
Hydratés. — Carbonate de soude (*natron*).
Carbonate de chaux et soude (*gaylussite*).

Carbonate vert de cuivre (*malachite*).

Carbonate bleu de cuivre (*azurite*).

12e ORDRE. *CARBONATES UNIS A D'AUTRES SELS.*

CARACTÈRES. Celui des Carbonates, combiné avec le caractère d'un des ordres voisins.

1re TRIBU. *Rhomboédriques.*

ESPÈCES.

Silico-carbonate. — Davyne.
Cancrinite.

2e TRIBU. *Quadratiques.*

ESPÈCE.

Chloro-carbonate. — Kérasine.

3e TRIBU. *Clinorhombiques.*

ESPÈCES.

Sulfo-carbonates. — Lanarkite.
Leadhillite.

4e TRIBU. *Rhombiques.*

ESPÈCES.

Sulfo-carbonates. — Calédonite.
Stromnite.

13e ORDRE. *NITRATES*.

CARACTÈRES. Corps solides, solubles dans l'eau ; dégageant des vapeurs rouges avec effervescence lorsque, étant mêlés à la limaille de cuivre, on les traite par l'acide sulfurique ; projetés sur des charbons incandescents, ils en activent la combustion.

1re TRIBU. *Rhomboédriques*.

ESPÈCE.

Nitrate de soude (*natronitre*).

2e TRIBU. *Rhombiques*.

ESPÈCE.

Nitrate de potasse (*salpêtre*).

14e ORDRE. *PHOSPHATES*.

CARACTÈRES. Corps solides, produisant par la fusion avec l'acide borique un globule vitreux, qui, traité par le charbon, donne du phosphore, ou qui, chauffé de nouveau, attaque un fil de fer que l'on plonge dans sa masse fondue.

1re TRIBU. *Quadratiques*.

ESPÈCES.

Anhydres. — Phosphate d'yttria (*xénotime*).

Hydratés. — Phosphate d'urane et de chaux (*uranite*).

Phosphate d'urane et de cuivre (*chalcolithe*).

2e Tribu. *Rhombiques.*

ESPÈCES.

Anhydres. — Phosphate d'alumine et de lithine (*amblygonite*).
Phosphate d'alumine et de magnésie (*klaprothine; turquoise*).
Phosphate de fer et de manganèse (*triplite*).

Hydratés. — Phosphate de cuivre (*libéthénite*).

3e Tribu. *Clinorhombiques.*

ESPÈCES.

Hydratés. — Phosphate de cuivre (*pseudomalachite*).
Phosphate de fer (*vivianite*).

Anhydres. — Phosphate de cérium, etc. (*monazite*).

15e ORDRE. *PHOSPHATES CHLORIFÈRES* ou *FLUORIFÈRES.*

Caractères. Le caractère des phosphates, combiné avec celui des chlorures ou des fluorures.

1re Tribu. *Rhomboédriques.*

ESPÈCES.

Chloro-phosphate de chaux (*apatite*).

Chloro-phosphate de plomb (*pyromorphite*).

2e TRIBU. *Rhombiques.*

ESPÈCE.

Fluo-phosphate d'alumine (*wavellite*).

3e TRIBU. *Clinorhombiques.*

ESPÈCE.

Fluo-phosphate de magnésie (*wagnérite*).

16e ORDRE. *ARSÉNIATES.*

CARACTÈRES. Corps solides donnant l'odeur d'ail lorsqu'on les chauffe avec la poussière de charbon. Solution précipitant en brun par le nitrate d'argent.

1re TRIBU. *Cubiques.*

ESPÈCE.

Hydraté. — Arséniate de fer (*pharmacosidérite*).

2e TRIBU. *Rhomboédriques.*

ESPÈCE.

Hydraté. — Arséniate de cuivre (*cuivre micacé*).

3e Tribu. *Rhombiques.*

ESPÈCES.

Hydratés. — Arséniate de cuivre (*liroconite; olivénite; euchroïte*).
Arséniate de fer (*scorodite*).
Arséniate de chaux (*haidingérite*).

4e Tribu. *Clinorhombiques.*

ESPÈCES.

Hydratés. — Arséniate de fer et de cuivre (*aphanèse*).
Arséniate de cobalt (*érythrine*).
Arséniate de chaux (*pharmacolithe*).

17e ORDRE. *ARSÉNIATES CHLORIFÈRES.*

Caractères. Le caractère des Arséniates, combiné avec celui des chlorures.

1re Tribu. *Rhomboédriques.*

ESPÈCE.

Chloro-arséniate de plomb (*mimétèse*.

18e ORDRE. *SULFATES.*

Caractères. Corps solides, dégageant l'odeur d'hydrogène sulfuré lorsque, après les avoir chauffés avec un mélange de carbonate de soude et de charbon, on verse quelques gouttes d'acide sur la masse fondue.

1re Tribu. *Cubiques.*

ESPÈCE.

Hydraté. — Sulfate d'alumine et de potasse (*alun*).

2e Tribu. *Rhomboédriques.*

ESPÈCE.

Hydraté. — Sulfate d'alumine et de potasse (*alunite*).

3e Tribu. *Rhombiques.*

ESPÈCES.

Hydratés. — Sulfate de magnésie (*epsomite*).
Sulfate de zinc (*gallizinite*).
Anhydres. — Sulfate de plomb (*anglésite*).
Sulfate de baryte (*barytine*).
Sulfate de strontiane (*célestine*).
Sulfate de chaux (*karsténite*).

4e Tribu. *Clinorhombiques.*

ESPÈCES.

Hydratés. — Sulfate de chaux (*gypse*).
Sulfate de cobalt (*rhodalose*).
Sulfate de fer (*couperose*).
Anhydres. — Sulfate de soude et de chaux (*glaubérite*).

5e TRIBU. *Clinoédriques.*

ESPÈCE.

Hydraté. — Sulfate de cuivre (*cyanose*).

19e ORDRE. *CHROMATES.*

CARACTÈRES. Corps colorés donnant au verre de borax une belle couleur verte, tant au feu d'oxydation qu'au feu de réduction.

1re TRIBU. *Rhombiques.*

ESPÈCE.

Chromate de plomb (*mélanochroïte*).

2e TRIBU. *Clinorhombiques.*

ESPÈCES.

Chromate de plomb (*plomb rouge*).

Chromate de plomb et de cuivre (*vauquelinite*).

20e ORDRE. *VANADATES.*

CARACTÈRES. Corps solides, donnant avec le borax un verre de couleur verte, qui se change en jaune dans la flamme oxydante.

1re TRIBU. *Rhomboédriques.*

ESPÈCES.

Vanadate de plomb (*vanadinite*).

Vanadate de cuivre (*volborthite*).

21e ORDRE. *MOLYBDATES.*

CARACTÈRES. Corps solides, donnant, après avoir été fondus avec la soude, un sel soluble dans l'eau, dont la solution précipite par l'acide nitrique une poudre blanche, qui devient bleue lorsqu'on la dépose sur une lame de zinc.

1re TRIBU. *Quadratiques.*

ESPÈCE.

Molybdate de plomb (*plomb jaune*).

22e ORDRE. *TUNGSTATES.*

CARACTÈRES. Corps solides, donnant, par la fusion avec la soude, une matière soluble dans l'eau, dont la solution précipite par l'acide nitrique une poudre qui devient jaune quand on fait bouillir la liqueur, et qui donne au feu de réduction un verre bleu avec le sel phosphorique.

1re TRIBU. *Quadratiques.*

ESPÈCES.

Tungstate de chaux (*schéelite*).

Tungstate de plomb (*schéelitine*).

2e TRIBU. *Clinorhombiques.*

ESPÈCE.

Tungstate de fer et de manganèse (*wolfram*).

23e ORDRE. *TANTALATES.*

CARACTÈRES. Corps solides, donnant, par la fusion avec la soude, une matière soluble dans l'eau, dont la solution précipite par l'acide nitrique une poudre blanche qui ne colore pas les verres de borax et de sel phosphoriques.

1re Tribu. *Cubiques.*

ESPÈCES.

Tantalate de chaux (*microlithe*).
Tantalate de chaux et de cérium (*pyrochlore*).

2e Tribu. *Quadratiques.*

ESPÈCE.

Tantalate d'yttria et de cérium (*fergussonite*).

3e Tribu. *Rhombiques.*

ESPÈCES.

Tantalate d'yttria, de chaux et de fer (*yttrotantale*).
Tantalate d'yttria et d'urane (*uranotantale*).
Tantalate de fer et de manganèse (*tantalite*).

24e ORDRE. *TITANATES.*

Caractères. Corps solides donnant, lorsqu'on les traite au feu de réduction par le sel de phosphore, en y ajoutant de l'étain, un verre de couleur bleu-violâtre.

1re Tribu. *Cubiques.*

ESPÈCE.

Titanate de chaux et de fer (*pérowskite*).

2e Tribu. *Rhombiques.*

ESPÈCES.

Titanate de zircone et de cérium (*aeschynite*).

Titanate de zircone, d'yttria, etc. (*polymignite*).

3e Tribu. *Clinorhombiques.*

ESPÈCES.

Silico-titanate de chaux (*sphène*).

Silico-titanate de chaux et de manganèse (*greenowite*).

FIN.

TABLE DES MATIÈRES.

FIN DE LA TABLE.

PARIS. — IMPRIMERIE ARNOUS DE RIVIÈRE ET C°,
Rue Racine, 26.

Paris. Imp. Arnous de Rivière et Ce, rue Racine, 26.

www.ingramcontent.com/pod-product-compliance
Ingram Content Group UK Ltd.
Pitfield, Milton Keynes, MK11 3LW, UK
UKHW012205240726
13966UKWH00002B/598